甘肃省哲学社会科学规划项目（19TB011）
甘肃省教育厅“双一流”科研重点项目（GSSYLXM-06） 资助
兰州财经大学科研创新团队支持计划

学术文库

# 黄河流域生态安全评价与高质量发展

郭精军　马小雯　郑乐乐◎著

中国财经出版传媒集团

**图书在版编目（CIP）数据**

黄河流域生态安全评价与高质量发展／郭精军，马小雯，郑乐乐著．--北京：经济科学出版社，2022.8

ISBN 978－7－5218－3944－9

Ⅰ.①黄… Ⅱ.①郭… ②马… ③郑… Ⅲ.①黄河流域－生态安全－安全评价－研究 Ⅳ.①X321.22

中国版本图书馆 CIP 数据核字（2022）第 154153 号

责任编辑：杜 鹏 刘 悦
责任校对：徐 昕
责任印制：邱 天

**黄河流域生态安全评价与高质量发展**
郭精军 马小雯 郑乐乐 著
经济科学出版社出版、发行 新华书店经销
社址：北京市海淀区阜成路甲 28 号 邮编：100142
编辑部电话：010－88191441 发行部电话：010－88191522
网址：www.esp.com.cn
电子邮箱：esp_bj@163.com
天猫网店：经济科学出版社旗舰店
网址：http：//jjkxcbs.tmall.com
北京时捷印刷有限公司印装
710×1000 16 开 11.75 印张 180000 字
2022 年 8 月第 1 版 2022 年 8 月第 1 次印刷
ISBN 978－7－5218－3944－9 定价：59.00 元

# 前　言

党的十九大报告指出，我国经济发展已由高速增长转向高质量发展阶段。高质量发展是“五大发展理念”的协同作用，其目标既涉及经济的可持续增长又兼顾生态保护。2019年9月，习近平总书记在黄河流域生态保护和高质量发展座谈会上提出黄河流域生态保护和高质量发展是重大国家战略，加强黄河流域生态文明建设和促进全流域高质量发展是当前重点工作之一。2019年10月，党的第十九届四中全会再次提出，推动经济高质量发展必须践行“绿水青山就是金山银山”的理念，坚持走经济发展、生态良好的文明发展道路。随着经济社会的快速发展，黄河流域生态安全问题日益突出，如何保护与建设好黄河流域生态环境，是落实新时代中国特色社会主义生态文明建设的重要体现。

本书共有11章，由三编组成。第一编是总论，主要介绍了研究背景、现状和涉及的理论知识，其中，第1章是研究概述；第2章是理论基础与内涵界定。第二编是黄河流域生态安全评价分析，其中，第3章是黄河流域概况、发展现存问题及生态安全研究的必要性；第4章是黄河流域生态安全评价分析；第5章是黄河流域生态安全耦合协调性分析；第6章是黄河流域生态安全预测研究；第7章是黄河流域生态安全障碍因素诊断分析；第8章是该编小结与对策建议。第三编是基于不同测度距离的生态安全评价方法研究，其中，第9章研究区域甘肃省概况；第10章是基于不同测度方法下的甘肃省生态安全评价；第11章是该编结论与对策建议。

本书由兰州财经大学统计学院郭精军教授、马小雯和郑乐乐共同完成。郭精军设计了总体框架，并完成了第1章和第2章的撰写工作；马小雯完成了第3章至第8章的撰写工作；郑乐乐完成了第9章至第11章的撰写工作。郭精军对全书的内容进行了总纂。

本书由甘肃省哲学社会科学规划项目（19TB011）、甘肃省教育厅“双一流”科研重点项目（GSSYLXM－06）和兰州财经大学科研创新团队支持计划资助出版。本书的出版也得到兰州财经大学学术文库专著立项出版资助计划的帮助。出版过程中得到了兰州财经大学科技处、统计学院领导和全体老师的大力支持。任玉丹、胡羽琪、杨小卜同学对全书进行了校稿，在此一并表示诚挚的感谢。

**郭精军**

2022年7月于金城兰州

# 目　　录

## 第一编　总　论



## 第二编　黄河流域生态安全评价分析

# 第一编

# 总　论

生态安全作为人类生存和发展的基本条件，是经济安全的基本保障，是政治安全和社会稳定的坚固基石，是全球治理的重要内容。生态安全状况决定了地区发展模式、途径选择和效益评估等，是区域发展研究的重要基础内容。生态安全评估又是生态安全科学研究的基础和前提，准确可靠的生态安全评估结果能够反映生态环境所面临的安全问题及隐患，因此，生态安全评价方法的科学选取也是生态安全研究的重要内容。

本书紧扣生态安全本质，基于生态安全理论研究与现实研究意义的综合考量，深入贯彻习近平总书记重要讲话和指示精神。首先在黄河流域生态保护和高质量发展的战略背景下，综合考虑了黄河流域沿线各省域社会经济、自然资源、生态环境等实际情况，通过模型系统测度黄河流域生态安全现状及演变趋势，在此基础上对黄河流域整体内部系统及"两两"子系统生态安全水平之间的耦合协调性分别从时间和空间两个维度进行全面系统的评价，并进一步对黄河流域沿线省域未来5年生态安全状况进行拟合预测。其次利用障碍度函数判定影响黄河流域各省份生态安全水平提升的主要障碍因素，系统科学地揭示了黄河流域生态安全的现状及其变化成因所在。最后以生态安全评价方法的准确选择为切入点，进一步以黄河上游甘肃省为例，基于集对分析理论以及逼近理想解TOPSIS、欧氏距离、汉明距离、豪斯多夫距离等贴近度测度方法，验证不同距离下的生态安全贴近度最优测度方法，选择最优改进直觉模糊集评价方法对甘肃省生态安全进行系统全面的评价分析，基于研究结果对甘肃省生态安全状况提升提出针对性的建议措施。

# 第1章

# 研究概述

生态安全作为人类生存和发展的首要条件，已成为人类发展面临的一个新挑战，生态安全研究也逐渐成为科学界关注的新热点和新领域。生态安全是指在一定的时间和空间范围内维持一个区域自身正常功能结构，并且能够满足社会和经济可持续发展状态的需要，与社会发展息息相关。生态安全评价又是生态安全研究的基础和前提，准确可靠的生态安全评价结果能够反映生态环境所存在的安全问题及隐患。因此，本章对生态安全理论概念、生态安全研究对象、生态安全指标体系、生态安全评价方法的研究文献进行系统梳理、归纳和总结，在此基础上提出本书的出发点：鉴于黄河流域生态安全研究的现实意义与生态安全评价方法的理论意义，分别对黄河流域生态安全状况进行系统评价分析和以黄河上游甘肃省为例验证不同测度距离下的最优测度方法，并对甘肃省生态安全评价结果进行分析。

## 1.1 研究背景及意义

### 1.1.1 研究背景

生态系统是人类生产和生活的物质基础，生态安全是人类生存和经济可持续发展的根本保障。当下，面对生态环境日益凸显的矛盾问题，作为人类生存和发展基础的生态安全已然成为人类面临的一个新挑战，其相关研究也成为学术界逐渐兴起的一个新关注热点。习近平总书记在全国生态环境会议上的讲话中提道：生态环境安全是国家安全的重要组成部分，是经济社会健康可持续发展的基础。生态安全不仅关系到人类社会的可持续发展，而且也关系到社会稳定和国家的战略安全，它已不再单纯指生物安全或生态系统安全的传统内容，而是提升至国家安全重要组成部分的高度，是经济社会稳定可持续发展的重要保障，是全球治理的重要内容，也是实现可持续发展的必由之路。

黄河流域是“一带一路”的重要区域，也是我国重要的生态功能区和经济发展区，其在国家发展经济社会和维护生态安全工程中发挥着至关重要的作用。长期以来，黄河流域水旱灾害频发，流域生态环境脆弱、生态脆弱区分布面积广大，类型众多，整体经济发展水平较为落后，外部差距明显，区域发展不协调等问题突出。2019 年 9 月 18 日，习近平总书记在黄河流域生态保护和高质量发展座谈会上提出黄河流域生态保护和高质量发展是重大国家战略，加强黄河流域生态化建设和促进全流域高质量发展是重点工作。此次黄河流域生态保护和高质量发展作为国家重大战略的提出，为新时期我国黄河流域沿线省份生态保护与高质量发展指明了方向。系统测度黄河流域沿线省份的生态安全水平，探寻各省份生态安全水平差异成因及演变趋势，可为黄河流域进一步优化生态保护、实现高质量发展提供参考依据。

生态安全综合评估方法的探索与选取对评价结果的科学性与准确性至关重要。甘肃省地处黄河上游、三大高原、生态屏障交汇之地，沿岸的工农业生产和城镇居民的生产生活都离不开“母亲河”的哺育，黄河流域的重要性显而易见，选取科学的评价方法对其生态环境安全进行系统评估有助于推进黄河流域高质量发展建设、高原生态屏障建设以及国家生态文明战略的实施。

### 1.1.2　研究意义

生态安全是区域可持续发展的根本保障，也是区域发展的基础研究内容。对区域生态安全状况进行科学合理评价不仅可以从基础理论上为区域经济社会可持续发展提供方向，而且有助于人类在发展过程中有效减少对生态系统的破坏。本书紧扣生态安全本质，分别对生态安全评价方法的理论研究与黄河流域生态安全评价的现实意义展开分析。

#### 1.1.2.1　理论意义

目前关于生态安全的研究主要集中在生态安全内涵、构建评价指标体系、时空格局差异分析以及影响因素等方面，生态安全评价方法的研究仍处于不断探索阶段。对于生态安全评价方法的选取，更是直接关系评价结果可靠与否。通过验证不同测度距离下的生态安全贴近度测度方法，将集对分析理论引入直觉模糊集中，依据集对分析联系数的定量分析阶段数据的特性，合理地解决了直觉模糊集原始决策矩阵主观性较强的问题，使直觉模糊集理论的适用范围更加广阔，在一定程度上丰富了生态安全评价方法的理论知识，又进一步验证改进直觉模糊集评价方法的合理性与科学性。

#### 1.1.2.2　现实意义

黄河流域作为我国人口活动和经济发展的密集区，是国家生态安全和社会主义现代化建设的重点区域。重点关注其沿岸各省份生态安全的现实状况和动态变化过程，积极探寻制约黄河流域整体生态安全水平提升的关键因子，对于保障流域生态安全，确保生态资源永续使用，推动经济社会可持续发展具有重要意义，为实现人与自然和谐共生的生态平衡提供科学依据，就各省份当前及未来面临的生态安全问题，有针对性地提出有效生态保护措施，为促进实现黄河流域高质量发展提供现实助力。

## 1.2 国内外研究现状

### 1.2.1 生态安全提出及理论概念

生态安全的提出具有深厚的社会历史背景，它最早诞生于“环境安全”的概念范畴中。20 世纪 40 年代，美国生态学家奥尔多·利奥波德率（1941）率先提出生态安全雏形“土地健康”一词，他认为，土地健康包括两大内容：分别是土地功能结构完善和土地自我修复更新。后来“土地健康”这一概念也被运用于土地生态安全评价分析中，从而为流域、景观、旅游等生态安全的研究奠定了基础。到了 20 世纪 70 年代，外国学者对生态安全展开了更深入广泛的研究。莱斯特·布朗（Leister R. Brown，1984）在《建设可持续发展社会》一书中将“生态安全”作为一个科学系统的概念正式提出，指出环境退化和资源匮乏已经成为威胁一个国家整体安全的重要因素。国际应用系统分析研究所（IIASA）于 1989 年首次明确定义了“生态安全”新概念，人们逐渐意识到生态安全的重要含义。

国内对生态安全研究是在国外研究基础上开展的，目前仍是一个热点内容，最初是在 20 世纪 90 年代初提出。当时长江洪涝灾难给长江中下游地区带来了巨大损失，此次灾难也引起了人们对环境灾难的广泛关注和高度重视。国务院在《全国生态环境建设规划》（1999 年）中指出，要把保护生态环境、建设生态安全、实现可持续发展作为我国现代化建设的根本原则。21 世纪初在《全国生态保护纲要》（2000 年）中明确了“维护国家生态环境安全”的目标，继而出现了“生态安全”这一概念。

近年来，研究人员不断研究与生态安全有关的问题，而生态安全的概念和研究范围也随着时间的推移和研究的深入不断发展，生态安全没有一个统一且被广泛认可的定义，通常分为狭义和广义两类。从广义上讲，国际应用系统分析研究所（IIASA，1989）提出，生态安全指的是一种可持续的状态，在这种状态下，人类正常生产和生活所需的各方面都能得到保障，基本没有威胁，主要包括人类自身的健康，未来可持续发展、必要的资源保证和社会发展的秩序调节等，生态安全的这一层面包含了经济、社会、环境等三大内容，构成了一个涉及多元复杂系统。从狭义上讲，生态安全是指周围自然生态系统的安全状况，在这种状态下，人类可以维持基本的生存需求，相较于广义的概念，狭义的生态安全范围更窄，它还指生态系统功能保持完整，并且可以和谐健康运行的状态。国内生态安全研究主要有三个背景：一是与中国西部大开发战略实施有关的环境保护和建设问题。二是国内生态环境持续恶化，自然灾害频发，例如 20 世纪 90 年代末灾难性的洪涝灾害不断发生、土地荒漠化形式日益严重等。三是国外对生态安全的理论和实践研究成果对中国产生了深远影响。

### 1.2.2　生态安全的研究对象

国外对生态安全的研究主要针对生态安全的定性研究，其发展过程从最初探索到深入研究，一共经历了四个阶段。第一阶段，外国学者对生态安全的研究还处于初步探索阶段，研究内容主要涉及生态安全定义和生态安全内容两个方面：首先，研究者们试图将生态安全定义概括为一个广泛适用的概念；其次是生态安全应该包括什么，即哪些方面可以被归类为生态安全领域。第二阶段，在已经取得一定研究进展的基础上，国外研究人员开始进一步关注生态环境的破坏，重点研究生态系统功能破坏和生态退化等问题。第三阶段，国外研究学者继续探寻生态环境变化对生态安全问题带来的具体影响以及两者之间的动态联系。第四阶段，国外研究者开始更多关注人类健康与生态安全问题间的联系，在以人类安全为中心的前提下，生态安全问题会给人类带来哪些威胁，同时学者们进一步将生态安全的研究扩展到多系统、多层次、多方面。

随着对生态安全含义和范围的深入研究，国内对生态安全的研究更侧重于定量研究，研究对象可以分为全局性评价和专题性评价两个方面。生态安全的研究也从简单的生物评价、环境评价转向考虑经济、社会和环境等综合关系的全局评价。例如，张萌等（2021）把生物多样性服务价值与人类生态需求等结合起来，对生态安全格局进行了深入研究。生态安全的研究对象角度多、内容丰富，主要包括区域生态安全模式的演变和某些特定区域的生态安全研究，重点涉及土地、流域、环境、森林、旅游业等方面，其中，研究重点是土地生态安全。贺祥（2021）通过对贵州省生态系统及其服务价值的研究分析了该地区生态安全现状，结果发现，研究区生态脆弱区生态安全存在严重时空差异性。吴景全等（2021）从生态安全角度出发对研究区域西北诸河流域土地利用动态变化及土地生态安全现状进行定量评价，为自然流域范围的土地利用变化及土地生态安全研究提供实例。

### 1.2.3 生态安全的指标体系

随着经济社会的快速发展，生态环境问题也日益增多，促使学者们对生态安全内容研究也不断深入，其中，生态安全指标体系构建和生态安全评价方法成为学者们研究热点和关注重点。最初由加拿大统计学家拉波特和弗伦德（Rapport and Friend，1979）率先提出“压力—状态—响应”模型，后由经济合作与发展组织（OECD）和联合国环境规划署（UNEP）共同发展，将生态压力、环境状态、人为响应作为一个因果循环系统对社会环境开展因果分析。随着进一步深入研究，联合国可持续发展委员会（UNCSD）提出了PSR的扩展模型——DPSR模型，该模型中增加了推动生态环境发生变化的各种驱动因素，系统并清晰地反映人类生产生活和经济发展对生态环境的影响，从而被广泛应用于生态环境的相关研究中。后来，欧洲环境署（EEA，2004）继续提出了“驱动力—压力—状态—影响—响应”（DPSIR）模型作为对上述两种模型的扩展补充。此外，学者们还不断尝试从多角度、多方面、多维度构建生态安全评价指标体系，例如，格林斯基（Glinskiy et al.，2015）构建了综合经济、生态和人口三方面的合理评价指标体系，探寻影响研究区域生态安全水平的显著因素。

国内学者在构建评价指标体系方面，主要有以下两种方式：一是采用PSR及其扩展的概念模型构建评价指标体系，例如，谢玲等（2018）基于"压力（P）—状态（S）—响应（R）"概念模型，构建了我国广西壮族自治区土地生态安全评价指标体系；侯磊（2022）在"驱动力（D）—压力（P）—状态（S）—影响（I）—响应（R）"模型框架下构建云南省湖泊生态安全评价指标体系，研究生态安全变化趋势与驱动机制。二是采用了结合自然、经济和社会三个角度的EES模型构建评价指标体系，例如叶辉等（2021）将DPSIR模型与EES模型相结合对北回归线（云南段）区域生态安全评价进行指标构建。国内研究对评价指标体系的选取能在一定程度上客观反映研究区域的现实状况，但是不同的研究区域存在的生态安全问题具有区域异质性，因此，指标的选取与指标体系构建要从研究领域实际情况出发，才能更好地反映研究区生态实际状况。

### 1.2.4　生态安全的评价方法

随着生态安全研究内容及对象的丰富，国内外学者从不同角度提出了衡量生态安全的定量和定性评价方法。主要包括数学模型指数、景观生态学模型、生态系统服务模型及近年来逐渐应用的空间技术结合的动态评价方法。数学模型法是指运用具体的评估模式和方法，用综合评价指数替代评价对象的数量特征，并以此判定评价对象的类型或排名。其主要包括模糊综合评价法、模糊物元分析法、灰色关联度模型和生态足迹法等多种研究方法。例如，王慧杰等（2020）将层次分析法（AHP）和模糊综合评价法有机结合，实现定性和定量评价相统一，对所研究区域的生态安全补偿政策进行评价分析。明丽（Mingli Bi，2020）采用生态足迹法，从生态健康和生态风险两个方面评估了2000～2015年粤港澳大湾区的生态安全状况。另外，近年随着3S空间技术的发展，空间计量模型被广泛应用于生态安全评估研究中，结合运用地理信息系统、遥感数据和GIS技术，通过空间异质性分析生态安全空间格局变化，全面分析生态安全所涉及的多种问题。例如张广创等（2020）

以锡尔河中游为研究区域，结合遥感数据和地理系统技术，系统准确地评估了锡尔河中游生态敏感性及空间分布特征。可以发现，研究学者针对生态安全评价常用的方法包括空间计量法、生态承载力分析法和综合指数评价方法等。

### 1.2.5 研究述评

通过对生态安全相关文献进行研究现状和发展动态分析，发现国内外学者在生态安全的评价对象、指标构建、评价方法、驱动机制和对策路径等方面已经取得了理论和实践上的丰富成果，但仍然存在一些需要反思和解决的问题。

一是进一步提升生态安全内涵。在生态安全研究方面，学者们开展的相关研究工作主要集中在生物资源、自然景观、地理区域等自然科学领域，关于经济、社会、人文等方面的研究较少，且缺乏对生态环境、社会经济和自然资源等多方面的协同机制的关注。同时，目前我国关于生态安全的研究区域主要针对长江流域、珠江流域及一些小河流等，而对黄河流域的研究尚不充分。本书以黄河水文线包围的九个省份作为研究区域，评估黄河流域沿线各省域生态安全水平，分析黄河流域生态安全水平的时空格局特征，探寻区域生态安全水平差异成因、作用机理及地区生态安全提升的限制因素。

二是针对黄河流域这一流域地理学视角下生态安全研究不充分。现有研究多从黄河流域省域、市域等行政区划开展高质量和生态保护耦合协调发展分析，而黄河流域作为当前热点地区，无论在学术界还是政策管理等方面的地位都十分重要，然而当前少有涉及该区域省域、市域的当下生态现状和经济现状的深入评价分析，且作为流域地区，少有研究对其上游、中游、下游的空间差异展开分析。对黄河流域开展多元化的生态安全评价研究，丰富了生态安全理论和实践的研究内容，为流域高质量发展提供新的指引方向。

三是生态安全评价内容中生态安全评价方法选取较为局限，缺少基于多种测度方法的评价结果对比分析，尚不能对研究区生态安全的整体状况进行有效观察和把握。基于不同距离的贴近度测度方法验证及实际应用最优改进的生态安全贴近度测度方法，不仅可扩展生态安全评价方法的理论意义，也可进一步根据研究结果为研究区生态安全改善提升提出针对性的建议措施。

## 1.3　研究内容与方法

### 1.3.1　研究内容

本书以生态安全研究为理论基础，以黄河流域高质量发展为现实背景，紧扣生态安全本质，对黄河流域生态安全及黄河流经的甘肃省生态安全水平进行定性与定量研究，有针对性地提出提升研究区域生态安全水平的应对举措。

第一编为总论，包括研究概述、文献综述与研究理论基础。具体为研究背景及意义、研究方法与研究内容、研究创新点、国内外文献综述及与本书所涉及的相关理论与内涵界定。

第二编为黄河流域生态安全评价研究。综合考虑了流域各区域社会经济、自然资源、生态环境等实际情况，首先基于“驱动力—压力—状态—影响—响应”（DPSIR）理论框架模型，构建了由目标层、标准层、因素层及指标层四个层面的黄河流域生态安全评价指标体系，运用熵权法对指标进行客观赋值。其次利用 TOPSIS 法较好利用原始数据和模糊物元法解决不相容问题的各自优势，以 TOPSIS 模糊物元法测度黄河流域沿线各省份 2010 ~ 2019 年生态安全状况及其演变趋势；进一步引入耦合度和耦合协调模型理论，对黄河流域整体内部系统及“两两”子系统生态安全水平之间的耦合协调性分别从时间和空间两个维度进行全面系统的评价；继而运用 GM(1,1) 模型对黄河流域生态安全状况进行有效预测。最后利用障碍度函数，定量研究了影响黄河流域生态安全水平提升的主要障碍因素，系统、全面揭示了黄河流域生态安全的现状及成因所在。

第三编以黄河上游甘肃省为例，验证不同测度距离下生态安全评价方法的优劣。基于集对分析理论及逼近理想解 TOPSIS、欧氏距离、汉明距离、豪斯多夫距离等贴近度测度方法，验证不同距离下的生态安全贴近度测度方法，选择最优改进直觉模糊集评价方法对甘肃省生态安全进行系统全面评价分析，根据研究结果为甘肃省生态安全改善提出针对有效的建议措施。

### 1.3.2 研究方法

生态安全评价具有系统性和综合性，其涉及多种学科的交叉，例如生态统计学、计量经济学、数学模型等。本书综合考虑黄河流域地理位置、自然环境、社会经济等实际现状，以影响流域生态安全水平提升的复杂多要素问题为出发点，并通过文献综述分析、定性与定量研究相结合、时间序列与空间格局相结合的研究方法。主要采用以下方法。

（1）文献归纳分析法。本书基于国内外研究人员对黄河流域生态安全和环境保护研究的理论分析和文献归纳，获得一定的理论支撑；查阅黄河流域沿线省份统计年鉴、中国统计年鉴、黄河流域生态统计公报、黄河流域各省份政府年度工作报告及相关网站公报，为研究内容获得可靠数据支撑。

（2）TOPSIS 模糊物元评价法。在构建生态安全评价指标体系的基础上，利用模糊物元法解决指标间不相容的问题和 TOPSIS 充分利用原始数据的优点，提出 TOPSIS 模糊物元法测度黄河流域沿线各省域生态安全水平，从而可以客观、有效地评估流域生态安全状况。

（3）耦合协调度模型。引入物理学中的耦合度和耦合协调模型，对黄河流域各省份 2010 ~ 2019 年“驱动力—压力—状态—影响—响应”系统耦合度、协调度的时间序列变化和空间分异特征进行系统、全面的分析，深究黄河流域各省生态系统内部相互作用机理。

（4）灰色预测模型与障碍度函数研究法。引入灰色预测模型对黄河流域未来 5 年生态安全趋势进行预测，进一步运用障碍度函数模型，定量诊断影响黄河流域沿线各省份生态安全提升的主要障碍因素。依据障碍度数值大小判断因素的轻重程度，探究流域生态安全水平提升的限制因素，有针对性地从省域层面提出提升生态质量的应对举措。

（5）集对分析与直觉模糊集理论。运用改进的直觉模糊集方法对甘肃省总体生态环境安全状况进行评价，将不同生态安全评价方法的评估结果进行对比分析，得出最优改进的直觉模糊集生态安全评价方法；依据最优的改进直觉模糊集理论对甘肃省各地州市的生态环境状况进行安全评估，分析其生态质量的变化趋势。

## 1.4　创新点

本书基于已有的研究基础，对高质量发展背景下黄河流域生态安全及不同测度方法下甘肃省生态安全评价进行了以下可能的创新。

（1）提出基于模糊物元和逼近理想解法相结合的评估模型。逼近理想解排序法（TOPSIS）通过相对贴近度反映多个样本的优劣性，它可以很好地利用原始数据，模糊物元法以解决不相容问题为核心内容，适用于多因素综合评价，这种方法的优点是它可以在不损失的情况下整合各种因素的所有信息。因而将两者结合，使不同标准层下的 TOPSIS 贴近度具有较为明显的差别，且根据客观标准确定经典域和节域，使最终评价结果具有客观性和科学性，从而对研究区域生态安全水平进行有效准确的评估。

（2）为了研究黄河流域生态安全子系统间的动态耦合关系，通过引入耦合度和耦合协调模型，从时间序列和空间分布等方面对黄河流域整体系统及“两两”子系统间的耦合协调性作出全面系统的评估，从而客观分析黄河流域生态安全系统间作用机理，为解决黄河流域各地区发展不协调、不充分等问题提供强劲的科学理论支撑。

（3）由于黄河流域不同区域间气候差异显著，地形地貌不同及自然资源差异大，除了这种先天的差异因素外，各地区后期不同的经济发展模式又加大了地区间资源环境的差异性影响，为了进一步探究制约黄河流域不同区域生态安全水平的关键因素，本书引入障碍度函数模型，对影响黄河流域整体和各省份生态安全提升的主要影响因素进行定量诊断。有针对性地提出改善流域生态安全的主要举措，最终实现流域生态健康、协调和可持续发展。

（4）依据直觉模糊集理论对生态安全状况进行综合评价过程中，其初始决策矩阵多由专家意愿、经验评估等主观决策数据构成，为使其能够适用于生态环境客观状况和定量数据，先将集对分析三元联系数拓展至五元联系数，后以拓展后的集对分析理论为辅助对直觉模糊集进行合理改进，使集对分析联系数合理转化为直觉模糊数，以解决直觉模糊集原始决策矩阵设计的主观性强的问题。将直觉模糊集多属性决策理论应用于生态环境的综合评价中，对甘肃省总体以及地区的生态安全状况进行动态评估，揭示并掌握甘肃省生态环境发展的现状与波动变化趋势。

| 第 2 章 |

# 理论基础与内涵界定

## 2.1 生态安全概述

### 2.1.1 生态安全概念

“生态安全”一词是20世纪后半期提出的概念，是指一个国家具有支撑国家生存发展的较为完整、不受威胁的生态系统，以及应对内外重大生态问题的能力。生态安全概念是莱斯特·布朗（Lester R. Brown，1981）在其出版的专著《建设一个持续发展的社会》中首次将“生态”与“安全”两个概念融合发展而成。“生态”就是指一切生物的生存状态，以及它们之间和它与环境之间环环相扣的关系，“安全”是指没有威胁、危险和损失，因此，莱斯特·布朗提出的生态安全是指生态系统的健康和完整情况，生态系统具有防范各种风险的能力以及维持其健康的可持续能力，物种发展和生态环境保持稳定、可持续的协调发展状态。近代以来，随着人类生存发展与环境演变的方向逐渐出现背道而驰的趋势时，生态环境的退化就会对经济基础构成威胁，严重阻碍人类社会的发展。在这一新形势下，国际应用系统分析研究所（IIASA，1989）提出了代表广义生态安全概念的定义，指人的生活、健康、安乐、基本权利、生活保障来源、必要资源、社会秩序和人类适应环境变化的能力等方面不受威胁的状态，包括自然生态安全、经济生态安全和社会生态安全，组成一个复合人工生态安全系统。但由于生态安全内涵丰富，研究范围广泛，因而关于“生态安全”一直未形成一个统一且广泛接受的定义。总体来看，生态安全定义有广义和狭义之分，从狭义上讲，生态安全就是指周围自然生态系统的安全状况，在这种状态下，人类可以维持基本的生存需求，相较于广义的概念，狭义的生态安全范围更窄，它还指生态系统功能保持完整，并且可以和谐健康运行的状态。

### 2.1.2　生态安全特点

生态安全作为与人类活动密切相关的概念，主要有以下六个特点。

（1）全球性。在人类命运共同体理念的指引下，生态安全问题具有广泛性和普遍性的特点，成为全世界共同面对的课题，任何一个国家和地区都无法在生态安全问题中独善其身，例如面对全球变暖、海平面上升、臭氧层破坏、生物多样性迅速减少、水源和海洋污染等生态安全问题，每个国家都无法单独应对这样的难题。因此，这份压力需要各国联动合作，共同解决。

（2）滞后性。由于环境的特性所在，自然环境受到外界影响后，其所产生的后果不能立刻表现出来，其产生的变化往往是潜在的和滞后的。滞后效应之所以出现，是由生态系统的反应过程和生态系统本身的缓冲能力和恢复能力决定的，而且环境受到影响后发生变化的范围和影响程度在当时很难了解问题的本质，具有不确定性和难预测的特性。

（3）深远性。由于生态环境的污染和生态系统的破坏更多情况下不是突然的灾难，而是长期累积的后果，变化初期并不被人们察觉和重视，因此，生态影响对后代的影响远大于当代。这就是生态安全的深远性。

（4）不可逆性。生态环境的承载能力是有限的，一旦环境被破坏，所需的恢复时间较长，尤其当超过其阈值之后，自然恢复的成本、时间和难度都是不可估量的，甚至生态系统无法恢复。例如，野生动植物物种一旦灭绝就永远消失了，人力无法使其恢复，所造成的生态安全问题是无法逆转的。

（5）整体性。生态环境的大系统中，一切都是相连相通的，任何局部环境的破坏，都有可能引发全局性的灾难，甚至危及整个国家和民族的生存条件，这表明，生态安全具备的第五个特点便是整体性。气象学家洛伦兹于 1963 年提出的蝴蝶效应很好地说明了生态系统的整体性。

（6）修复长期性。生态安全问题的暴发不是突然的，生态修复的过程也不是一蹴而就的，例如改变沙化土地，使之恢复原来的面貌，往往要数十年甚至几代人的努力，经济代价也很高。生态修复是一个长期性的系统工程。

### 2.1.3　生态安全评价

科学客观的生态安全评价对决策者和生态系统服务者具有切实的指导作用，对广大社会公众具有现实教育意义以及对公众不良行为具有警示作用，是生态安全的重要内容。生态安全评价是一种多学科交叉的综合评价工作，根据相关研究区域的生态安全评价指标体系对区域生态安全状况进行识别与判断，并依据评价结果提出科学合理的改善措施。目前，定量评价方法仍处于不断探索之中，学者们常用于生态安全评价的方法有综合指数评价法、遥感与地理信息系统、模型模拟以及其他手段等。生态安全评价过程主要包括评价指标体系构建、评价方法选取、评价结果判断等。生态安全评价多应用于对区域生态环境现状及承载力的评价，或对生态状态进行动态监测与预警分析，评价结果具有客观性和实际性，为地区生态环境实际承载能力判断和生态预警等情况提供参考依据和现实助力。

## 2.2　生态安全研究相关理论基础

### 2.2.1　生态安全理论

随着自然资源的不断开发利用和生态环境的复杂变化，对生态系统安全性研究显得更加重要。陈星等（2005）指出，从生态系统视角来看，所谓生态安全即维护生态系统自身的正常功能，并其可以自我修复，从而保障生态系统的稳定性和完整性；从人类利用自然资源及人类生存的角度分析，生态安全是指能够为人类提供生活和生产的物质需求支撑，它能够维持整个区域基本物质生产和交换；彭少麟等（2004）指出，从国家和地区发展的角度来看，生态安全具有相对性和发展性，主要涉及国家利益安全。生态安全作为一个综合区域社会经济、自然环境等相互作用的复合系统，能够系统地认识人与自然之间的关系、促进社会和经济可持续发展的关键在于有效维护区域生态环境安全的能力。

### 2.2.2　系统协调理论

系统协调理论强调事物之间作为一个整体的联系。在对某一特定对象的研究中，将研究对象的所有方面作为一个完整的链条进行研究，从整体角度研究所研究对象各方面和组成研究对象各要素的相互关系，继而能对其进行全面充分分析。系统协调的主要思想是通过进一步认识每个子系统之间的联系和作用，以某种方式对系统进行组织和调控，以保持从无序到有序的动态平衡过程，进而改善系统的整体功能。本书的研究对象主要是生态安全，生态安全是一个由社会、经济、自然等多个子系统组成的具有一定目标的多元系统，在这一系统内部各个子系统间存在相互促进和彼此制约的协调关系，形成一种动态平衡关系。系统协调包括内部协调、外部协调及纵向协调等内容。

### 2.2.3　可持续发展理论

可持续发展思想有着深刻的理论基础和实践意义，其在1980年《世界自然保护大纲》中被系统科学地进行阐述，并由此作为一个科学术语运用，大纲中指出，可持续发展关系社会发展、生态发展、经济发展以及自然生物发展等。此次概念的提出，使世界各国对可持续发展的关注度和支持度持续上升，生态安全作为生态良好发展的重要考核指标，也逐渐成为可持续发展的要求之一。区域生态安全可持续发展是指“在刺激经济发展，改进人类生活质量，强调发展可持续性的前提下，生态系统不能超过其支持经济社会发展的承载能力”。本书采用的可持续发展理论包括两个方面：一方面是经济可持续性；另一方面是环境可持续性。即可持续发展是经济社会发展在环境承载阈值范围内不超越环境，使两者协调发展。

### 2.2.4　高质量发展理论

高质量发展理论是在我国经济发展由高速增长阶段转向高质量发展阶段的新常态背景下的重大判断，是习近平新时代中国特色社会主义思想的重要组成部分和新发展理念。习近平总书记指出：“高质量发展，就是能够很好满足人民日益增长的美好生活需要的发展，是体现新发展理念的发展，是创新成为第一动力、协调成为内生特点、绿色成为普遍形态、开放成为必由之路、共享成为根本目的的发展。”① 目前国内学术界对高质量发展理论内涵仍处于不断探索中。其中，国家发展和改革委员会经济研究所提出，高质量发展是以提高质量和效率为导向，以技术和制度创新为动力的一种质量高、效率高和稳定性高的发展状态；金碚（2018）认为，高质量发展是一种经济发展的形式和结构，可以更好地满足人们对物质生活更高的要求，是一种高质

---

① 《习近平谈治国理政》第三卷第九专题“推动经济高质量发展”。

量、高效率、公平共享和可持续性的新发展形式；任保平（2021）认为，高质量发展是经济发展质量的最佳状态，代表经济发展动力在转换、经济和社会在协同发展、效率在提升、结构在不断优化、人民生活水平在不断提高的发展状态；林兆木（2018）认为，经济高质量发展应包括“创新、协调、绿色、开放、共享”的发展理念，具有较低的资源和环境破坏成本、更高的经济和社会效益、较高的农业资源配置效率和较低的农业生产资源要素投入等。总的来说，高质量发展是经济新常态背景下的发展方向、路径和状态，符合五大新发展理念，更加强调经济发展的质量和效益。

# 第二编

# 黄河流域生态安全评价分析

第3章

# 黄河流域概况、发展现存问题

## 3.1 黄河流域概况

### 3.1.1 黄河流域区位概况

黄河是我国仅次于长江的第二长河，也是世界第六长河，发源于青海省巴颜喀拉山，于山东省注入渤海。其横跨四个地貌单元，包括青藏高原、内蒙古高原、黄土高原和华北平原，共流经全国九大省份，包括青海、四川、甘肃、宁夏、内蒙古、陕西、山西、河南和山东。黄河流域气候年际变化较大，从西到东，从北到南，温度由冷变暖。流域内降水分布集中且不均匀，主要集中在每年5~9月，多年年均降水量为200~1000毫米，大多数地区主要分布范围年降水量为200~650毫米，甘肃、宁夏和内蒙古的中西部地区蒸发量较大，曾最高达2500毫米。流域内汾河平原、河套灌区和下游黄河引水灌区是中国农产品产区，同时黄河流域的煤炭、石油及天然气资源丰富，是中国能源和化工产业的重要聚集区。

### 3.1.2 黄河流域社会经济概况

黄河流域的社会经济状况是评估流经省份发展水平的重要因素，因为它反映了该省份配置资源的能力和效率。

#### 3.1.2.1 人口总体情况

黄河流域人口自然增长率存在明显的地区差异。在流域沿线省份中，2010～2019年四川省和陕西省的人口自然增长率有所提升，其余省份人口自然增长率变化趋势逐步减缓，宁夏回族自治区和青海省的人口自然增长率数值最大，但上升势头也有较大幅度放缓；四川省的人口自然增长率数值最小，10年来变化幅度较小，而山东省的人口自然增长率出现了明显波动。黄河流域的人口数量分布东西部地区差异显著。黄河流域内九省份2019年底常住人口为4.42亿人，占全国总人口的31.58%，常住人口密度为118.2人/平方千米。山东省常住人口达到10071万人，占九省份常住人口之最。上游地区有12324.91万人，下游地区人口数量达到19710.21万人，中游地区有10145.03万人，如图3.1和图3.2所示。

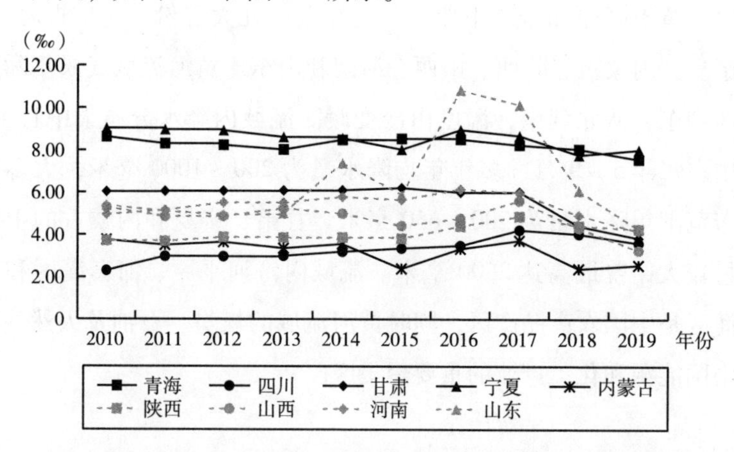


**图3.1 2010～2019年黄河流域各省份人口自然增长率变化情况**

资料来源：《中国统计年鉴》（2020年）以及2011～2020年各省份统计年鉴。

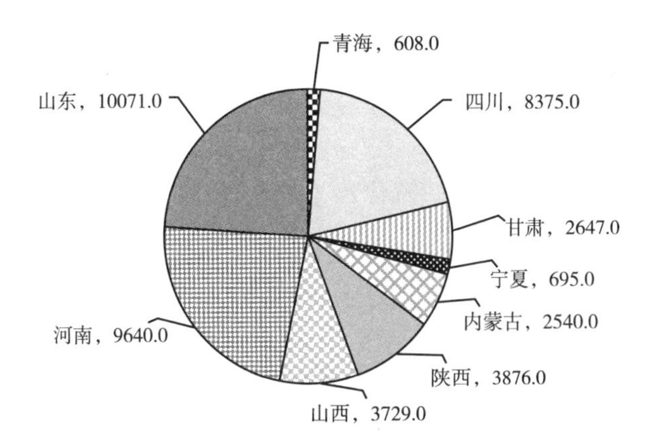


**图 3.2　2019 年黄河流域各省份人口总体情况（单位：万人）**

资料来源：《中国统计年鉴》（2020 年）以及 2011～2020 年各省份统计年鉴。

#### 3.1.2.2　城市化进程

城市化进程在一定程度上代表了社会经济发展趋势和人民生活水平高低。2019 年黄河流域省份城镇化率为 57.2%，相较全国水平的 60.6% 低 3.4%，其中，除内蒙古自治区和山东省常住人口城镇化水平超过全国平均城镇化水平，其余省份城镇化水平均较低，因此，总体来看，九省份城镇化水平具有不均衡现象。由图 3.3 可知，黄河流域各省份的城镇化率从 2010～

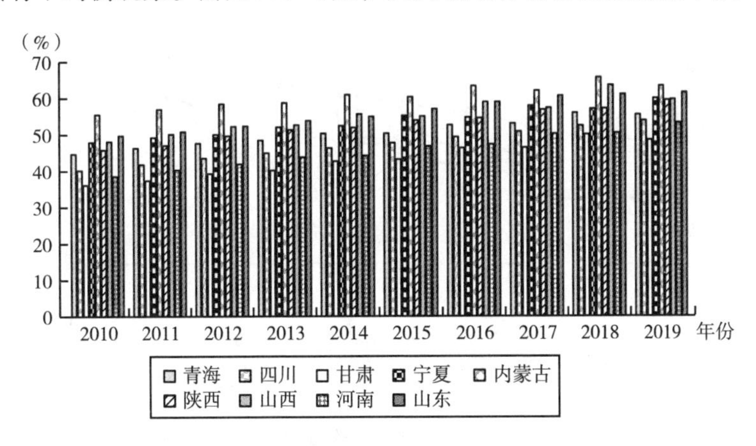


**图 3.3　2010～2019 年黄河流域各省份城镇化水平**

资料来源：《中国统计年鉴》（2020 年）以及 2011～2020 年各省份统计年鉴。

2019 年呈稳步增长趋势，其中，内蒙古自治区城镇化水平始终保持领先，从 2010 年的 55.5% 上升至 2019 年的 63.3%；甘肃省城镇化率最低，从 2010 年的 36.1% 上升至 2019 年的 48.5%，河南省是黄河流域各省份中城镇化进程发展最快的省份，10 年间城镇化水平增长了 27.6%，然后是甘肃省，城镇化水平增长了 25.6%。

#### 3.1.2.3　经济发展水平

黄河流域各省份经济发展不平衡、不协调，区域异质性显著。2010 ~ 2019 年黄河流域各省份人均国内生产总值（GDP）增长率排名由高到低依次为陕西、四川、宁夏、河南、青海、甘肃、山西、山东，其中，只有内蒙古、山东两省份人均增长率水平在 100% 以下。下游河南、山东省社会经济发展水平具有领先优势，山东省人均 GDP 水平居首位，河南省人均 GDP 增长速率较快。上游区域的甘肃省城镇化水平低、经济发展趋势缓慢，中游区域的内蒙古、陕西人均经济水平居于前列。根据黄河不同河段的省份分布，可以看出，沿黄河九省份社会经济发展水平差异性较大，中下游地区社会经济发展较快较好，这与各省份地理位置和产业发展有关，如图 3.4 所示。

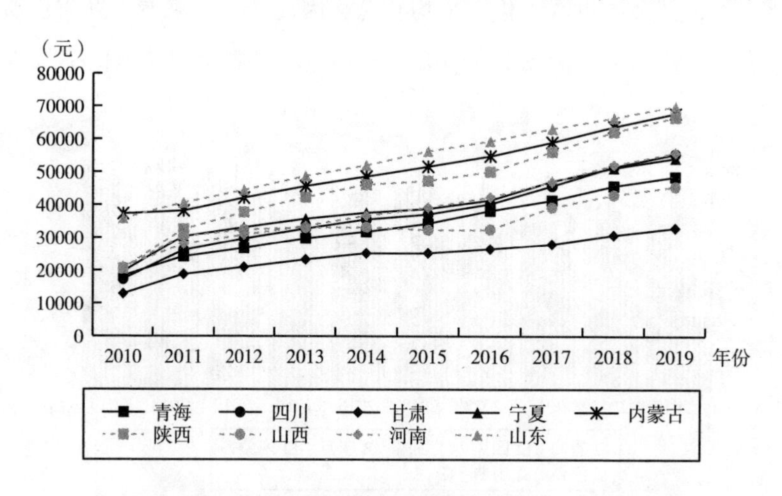


**图 3.4　2010 ~ 2019 年黄河流域各省份人均 GDP 变化情况**

资料来源：《中国统计年鉴》（2020 年）以及 2011 ~ 2020 年各省份统计年鉴。

#### 3.1.2.4 产业结构与工业化发展

黄河流域工业化进程速度比较缓慢，产业层次比较低，且工业化发展仍面临着结构失调的现状，黄河流域产业发展仍具有较鲜明的重工业特色，如图3.5所示。黄河流域第一产业所占比重和增长速度相对较小，产业发展重心发生了改变，虽然第二产业在GDP构成中处于绝对领先地位，但其增长速度逐渐放缓，第三产业已作为拉动经济增长的主要动力，一直保持较快增长态势。截至2019年底，黄河流域第一产业增加值为20870.21亿元，第二产业增加值为101141.63亿元，第三产业增加值为125395.78亿元，其中，除陕西省外的各省份产业结构发展均呈现以第二产业为主逐渐向第三产业发展的模式，处于中下游地区的河南、山东第三产业优势较明显，中游地区陕西、山西发展状况稳定向好，下游地区第三产业经济发展实力悬殊。工业对黄河流域整体经济快速发展有重要影响，流域内内蒙古、山西、河南、山东均为全国工业大省，工业产值相对较高，山东省占据了工业增加值最大比例，其增速逐步下降。其中，在第一产业经济贡献率中，农业占比较大，则表示第一产业以农为主，但其比重数值变动不大；在第二产业贡献率中，工

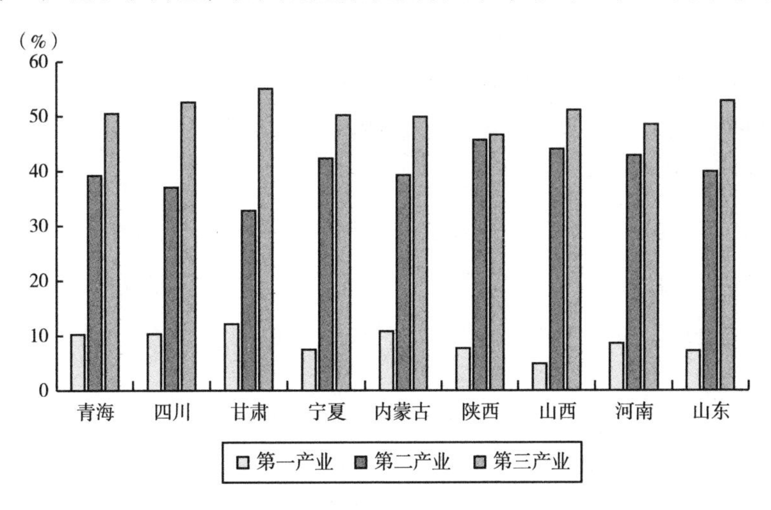


**图3.5 2019年黄河流域沿线省份产业结构情况**

资料来源：《中国统计年鉴》(2020年)以及2011~2020年各省份统计年鉴。

业比重一直维持在80%以上，山东省在工业增加值方面优势最大；在第三产业贡献率中，四川省平均增长率最高，为45.45%，内蒙古自治区最低，为24.36%，但仍远高于第一、第二产业贡献率。

### 3.1.3 资源环境概况

黄河流域自然资本存量大，资源种类多，但地区间生态环境状况存在较大差异，自然环境承载能力同样也存在着地区间的不均衡。

#### 3.1.3.1 水资源状况

作为中国人口主要集中区和农业生产大区，黄河流域的水资源承担着我国北方最大水资源供水任务，而水资源在时间和空间上的分布不均一直是影响黄河流域生产和生活的主要问题。从时间分布来看，由于季风气候的影响，黄河地表径流主要集中在7～10月；从空间分布来看，由于地理条件不同黄河水资源空间分布极其不均匀。黄河流域位于我国干旱半干旱地区，其年平均径流量为574亿立方米，是中国北方地区主要供水来源，其年平均径流量约为我国河流径流总量的2%，相当于长江径流量的6%，流域水资源短缺且水资源开采利用强度高，使用粗放，其开发利用率已达生态警戒线40%的两倍，这些因素都将严重影响黄河流域水资源供求情况。从图3.6看出，2010～2019年，黄河流域沿线各省份中，宁夏、河南、山东、山西人均水资源量远不及全国人均水资源量水平，均已出现慢性水资源短缺的情况。陕西、甘肃已出现水资源压力，内蒙古人均水资源量值在压力临界值附近浮动，只有青海和四川未面临水资源压力，且青海省水资源量最充足。

#### 3.1.3.2 森林资源状况

2019年全国的森林覆盖率为23%，其中，黄河流域九省森林总面积占全国森林面积的30.3%，约为7327.3万公顷。黄河流域的森林覆盖率可分

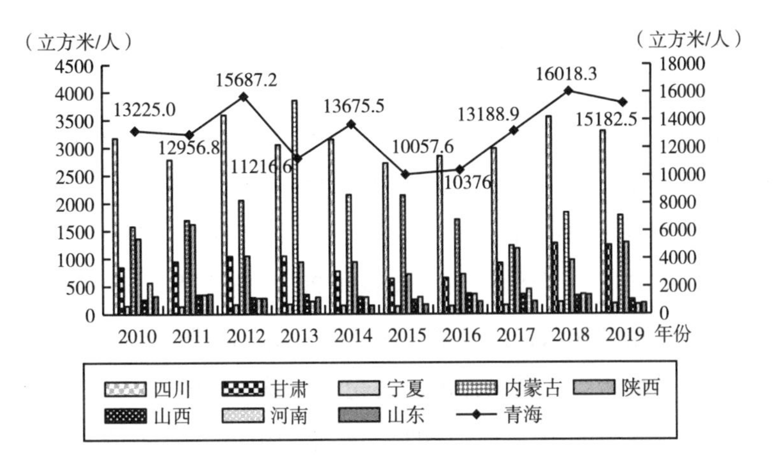


**图 3.6　2010～2019 年黄河流域各省份人均水资源量状况**

资料来源：《中国统计年鉴》(2020 年) 以及 2011～2020 年水利部编《中国水资源公报》。

为三个不同层次：其中，将森林覆盖率面积超过全国平均水平的省份划分为第一层次，分别是四川、陕西和河南，森林覆盖率分别为 43.1%、38% 和 24.1%；内蒙古、山西、山东森林覆盖率分别为 22.1%、20.5%、17.5%，均处于第二层次；第三层次包括宁夏、甘肃和青海，森林覆盖率分别为 15.2%、11.3% 和 5.8%（见图 3.7）。

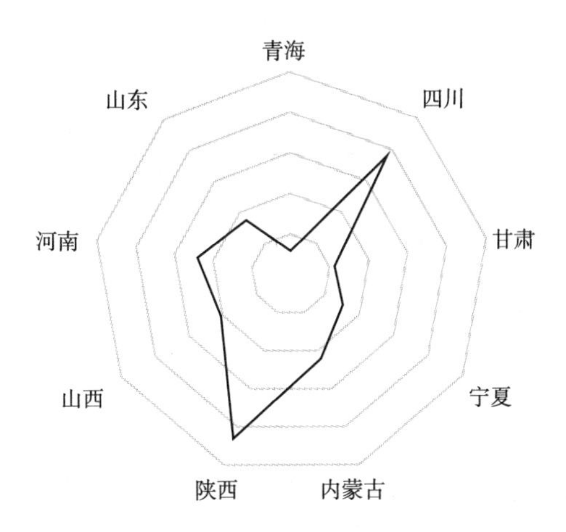


**图 3.7　2019 年黄河流域各省份森林覆盖率情况**

资料来源：《中国统计年鉴》(2020 年) 以及 2011～2020 年各省份统计年鉴。

### 3. 1. 3. 3　草地资源状况

黄河流域草地生态系统在维持水、沙、土平衡方面具有重大作用。2017年全国草原面积为 39283. 27 万公顷，黄河流域九省份草原面积共 17230. 28 万公顷，其中，内蒙古自治区草原总面积远超其余省份，占黄河流域九省份草原面积的 45. 7%，占全国草原总面积的 20. 06%，处于第一梯队；四川、甘肃和青海处于第二梯队；处于第三梯队的宁夏、陕西、河南、山东和山西五个省份草原总面积仅占黄河流域九省份草原总面积的 10. 94%，草地资源不丰富，与其他省份差距较大。总的来说，位于中上游区域的省份草地资源更为丰富，下游区域草地资源更为稀少（见图 3. 8）。

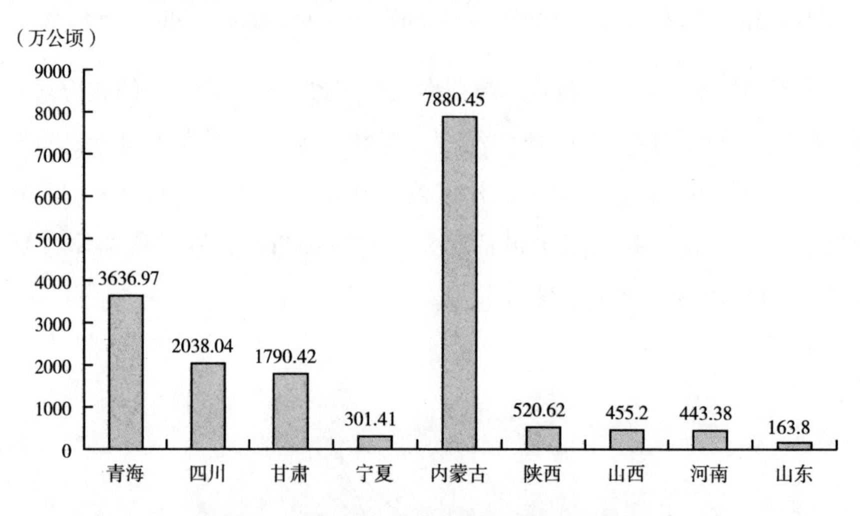


**图 3. 8　2017 年黄河流域各省份草原资源状况**

资料来源：《中国统计年鉴》（2020 年）以及 2011 ~ 2020 年各省份统计年鉴。

### 3. 1. 3. 4　湿地资源状况

湿地面积，包含自然湿地面积和人工湿地面积，其中，自然湿地面积占据绝大部分。2018 年黄河流域九省份湿地面积为 2062. 89 万公顷，占全国湿地面积的 38. 48%，自然湿地面积约占 90%，而人工湿地面积约占 10%。黄河流域九省份湿地面积占流域国土面积的比例为 5. 76%，与全国平均水平比较，九省份中只有山东和青海高于全国平均水平，分别为11.07%、11.27%，山西省处于最低水平，仅为0.97%，如图3.9所示。

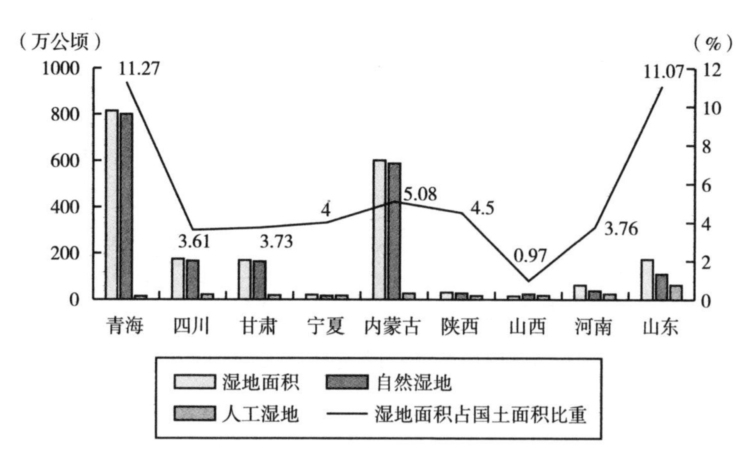


**图3.9 2018年黄河流域各省份湿地资源状况**

资料来源：《中国环境统计年鉴》（2019年）。

### 3.1.3.5 耕地资源状况

农业是经济发展的基础，耕地资源是发展农业的基本保障。根据相关统计资料，截至2019年，黄河流域九省份总耕地面积为4561.7万公顷，全国耕地面积1278.67万公顷，九省份耕地面积约占全国耕地面积的1/3。其中，内蒙古、山东、河南、四川以及甘肃耕地资源较为丰富，耕地面积占黄河流域耕地面积的绝大部分，而山西、陕西、宁夏、青海的耕地资源较为稀缺，各省份耕地面积如图3.10所示。

### 3.1.3.6 水土流失状况

水土流失是黄河流域长期存在的一个影响生态安全的问题。水土流失面积比例大、分布广，虽然近年随着人们环境保护意识的提高和相关环保工作的持续推进，黄河流域水土流失治理面积不断加大，流域治理状况不断改善。2019年黄河流域水土流失总面积为26.42万平方千米，占全国水土流失总面积的9.75%，与2018年相比，黄河流域中度及以上水土流失面积下降

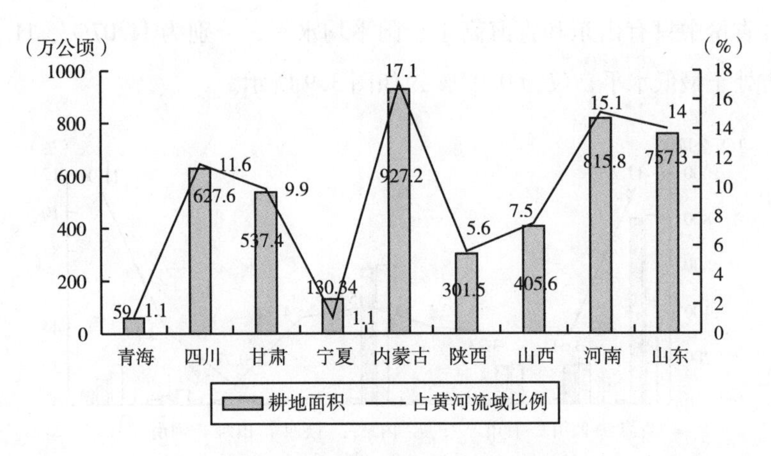


**图 3.10　2019 年黄河流域各省份耕地面积**

资料来源：《中国统计年鉴》（2020 年）、《中国环境统计年鉴》（2019 年）及 2020 年各省份统计年鉴。

7.37%。黄河流域水土流失主要集中分布在黄土高原地区，其水土流失面积 23.57 万平方千米，占黄河流域水土流失总面积的 89.21%。黄河流域水土流失量大面广，生态环境脆弱、生态屏障功能薄弱，治理难度大的状况尚未得到根本改变，但持续向好的方向发展（见图 3.11）。

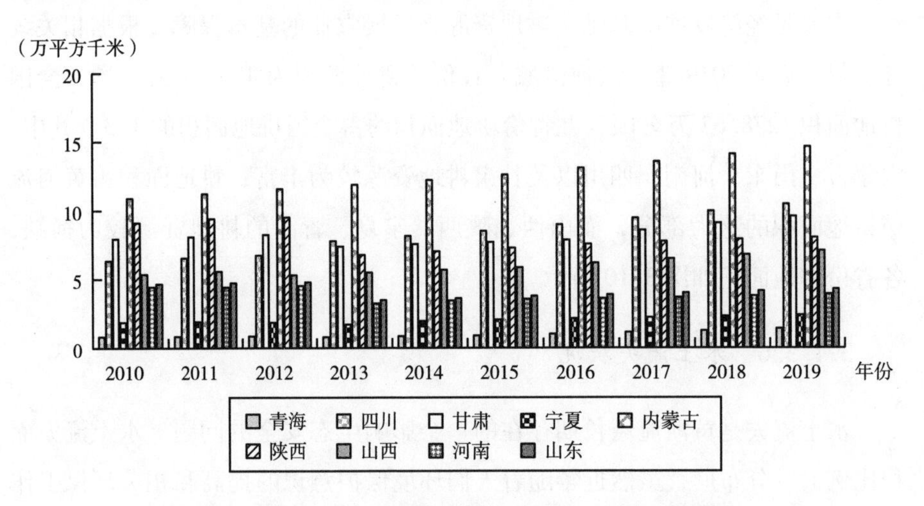


**图 3.11　2010 ~ 2019 年黄河流域各省份水土流失治理面积**

资料来源：各省份 2011 ~ 2020 年水土保持公报。

#### 3.1.3.7　水污染状况

贵为“母亲河”的黄河承担着沿黄地区50余座大、中城市和420个县的城镇居民生活供水任务，伴随着工业开展与城市化进程的加快，产业粗犷式的发展模式和生产生活用水量急剧增加使黄河流域水污染日趋严重，对生态环境造成了极大的影响。从中上游到下游，水质都受到不同程度的污染。2019年，在监测的137个水质断面中，占比最多的是Ⅰ～Ⅲ类水质断面，占比超过50%，然后是Ⅳ、Ⅴ类，占比为18.2%，最低的是劣Ⅴ类，占比不足10%。其中，干流水质整体为优，但支流的污染程度为轻度污染，对主要支流而言，在106个监测断面中，Ⅴ类占7.5%，劣Ⅴ类占11.3%。在39个省界水质断面中，Ⅴ类占10.3%，劣Ⅴ类占7.7%，污染程度为轻度污染。工业排放的废水和废气、污染严重的支流汇入是导致黄河流域部分区段水质恶化的主要原因，居民生活污水排放和农业污染也造成了黄河流域水质的恶化（见表3.1）。

**表3.1　　2019年黄河流域水质状况**

| 水体 | 断面数（个） | 比例（%） | | | | | |
|---|---|---|---|---|---|---|---|
| | | Ⅰ类 | Ⅱ类 | Ⅲ类 | Ⅳ类 | Ⅴ类 | 劣Ⅴ类 |
| 流域 | 137 | 3.6 | 51.8 | 17.5 | 12.4 | 5.8 | 8.8 |
| 干流 | 31 | 6.5 | 77.4 | 16.1 | 0.0 | 0.0 | 0.0 |
| 主要支流 | 106 | 2.8 | 44.3 | 17.9 | 16.0 | 7.5 | 11.3 |
| 省界断面 | 39 | 2.6 | 56.4 | 12.8 | 10.3 | 10.3 | 7.7 |

资料来源：《中国生态环境状况公报》（2019年）、《黄河流域生态保护与高质量发展报告》（2020年）。

#### 3.1.3.8　干旱灾害状况

黄河流域大部分地区地处干旱和半干旱区，气候复杂多样，流域大部分地区年降水量在500毫米以下；伴随着全球变暖，近年来黄河流域的气候要素也发生了显著变化，与此同时，水资源对气候变化和人类活动的响应极为敏感，水资源分布不均、水体污染等导致流域内干旱灾害频发。2019年黄河流域干旱受灾频繁发生，受灾面积达到331.34万公顷，占全国干旱受灾面积的42.27%，其中，山西省和河南省干旱受灾面积较为严峻，分别占黄河流域的16.39%和10.3%。山西省位于黄土高原，植被覆盖率低，水资源匮乏，年降水量也处于较低水平，气温相比于全国水平也处于较高的位置，因此，使山西省干旱受灾情况频发。河南省地域辽阔，但水资源储存量薄弱，加之水资源利用效率低，极易造成干旱受灾（见表3.2）。

**表3.2　2019年黄河流域干旱受灾面积**

| 地区 | 干旱受灾面积（万公顷） | 占全国比例（%） | 排名 |
| --- | --- | --- | --- |
| 青海 | 1.46 | 0.19 | 7 |
| 四川 | 7.90 | 1.01 | 6 |
| 甘肃 | 0.25 | 0.03 | 9 |
| 宁夏 | 0.60 | 0.08 | 8 |
| 内蒙古 | 37.97 | 4.84 | 4 |
| 陕西 | 45.75 | 5.84 | 3 |
| 山西 | 128.45 | 16.39 | 1 |
| 河南 | 80.71 | 10.30 | 2 |
| 山东 | 28.25 | 3.60 | 5 |
| 黄河流域 | 331.34 | 42.27 | — |
| 全国 | 783.80 | 100 | — |

资料来源：2020年各省份统计年鉴。

#### 3.1.3.9　大气污染状况

大气污染是近年来人们关注度较高的一个话题，大气污染防治也成为重要的民生问题。黄河流域大部分省份属于传统的老工业基地，属于大气污染重灾区。由于各省份自然地理位置和社会经济发展模式不同，则造成不同省域空气质量下降的原因也不尽相同。2019年全国省份空气质量平均优良率为82%，黄河流域省份中山东、河南和陕西空气质量优良率低于全国平均水平，其中，河南和山东的空气质量优良率水平较低，分别为52.7%和59.7%。山东省作为经济发展两线区域，其在发展过程中不免给生态环境带来较大压力，没有管控好污染物的排放造成了严重的空气污染。河南地处凹地，空气流动性差且人口密集，加之工业污染严重，进而引发严重大气污染（见图 3.12）。

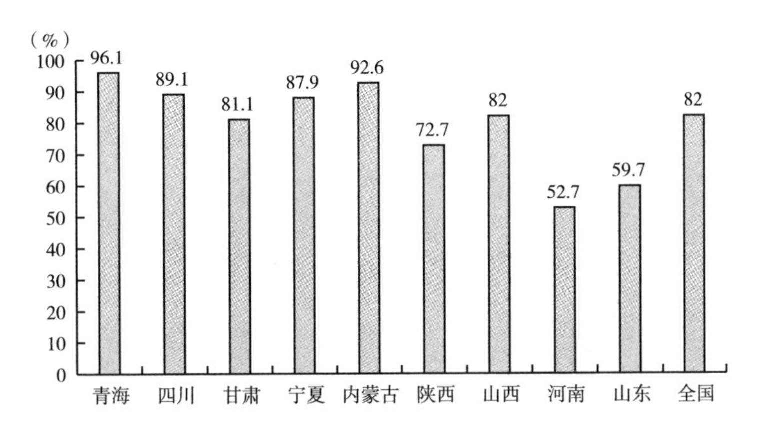


**图 3.12　2019 年黄河流域各省份空气质量优良率**

资料来源：2020 年各省份生态环境状况公报。

## 3.2　黄河流域生态安全研究的必要性

### 3.2.1　黄河流域发展现存问题

黄河流域横跨我国北方东、中、西三大地理阶梯，地域辽阔，资源丰富，是我国重要生态屏障的密集区和“一带一路”的重要地带，同时具有良好的合作与发展条件。然而，与长江三角洲和珠江三角洲的快速发展相比，黄河沿线区域综合经济实力较弱，且黄河流域自然生态脆弱，水资源短缺，土地、能矿、生物等资源禀赋区域差异明显，经济社会发展整体滞后，是我国生态安全保障和经济社会发展的重点和难点地区。中央于 2019 年提出推进黄河流域生态保护和高质量发展，并同京津冀协同发展、长江经济带发展、粤港澳大湾区建设、长三角一体化发展一样，上升为重大国家战略。从以下四个方面对黄河流域发展现存问题进行概述。

（1）经济社会发展整体滞后，经济增速放缓。黄河流域的经济社会发展整体滞后，产业构成以第二产业为主体，第三产业比重低于全国平均水平，显著低于沿海地区，第一产业占比高于全国平均水平，草原牧业特色鲜明。2019 年，黄河流域国内生产总值占全国经济产出的 24.97%，上游、中游、下游地区占流域 GDP 的比重分别为 14.54%、21.27%、64.19%。2008～2019 年的 12 年间，黄河流域的经济产出占全国总产出的比例增量仅为 1.73%，如表 3.3 所示。

**表 3.3　　2019 年黄河流域地区生产力水平指数**

| 地区 | 地区生产总值（亿元） | 占全国比（%） | 同比增速（%） | 人均生产总值（元） |
|---|---|---|---|---|
| 青海 | 2966.00 | 0.30 | 6.3 | 48981 |
| 四川 | 46615.80 | 4.70 | 7.5 | 55774 |
| 甘肃 | 8718.30 | 0.88 | 6.2 | 32995 |
| 宁夏 | 3748.50 | 0.38 | 6.5 | 54217 |
| 内蒙古 | 17212.50 | 1.74 | 5.2 | 67852 |
| 陕西 | 25793.20 | 2.60 | 6.0 | 66649 |
| 山西 | 17026.70 | 1.72 | 6.2 | 45724 |
| 河南 | 54259.20 | 5.48 | 7.0 | 56388 |
| 山东 | 71067.50 | 7.17 | 5.5 | 70653 |
| 黄河流域 | 247407.7 | 25.08 | — | 55470.33 |
| 全国 | 986515.20 | — | 7.3 | 70892 |

资料来源：《中国统计年鉴》（2020 年）及 2020 年各省份统计年鉴。

（2）全流域治理能力薄弱和洪水风险的问题。黄河流域上中游森林覆盖率低，水土流失严重，流域的森林覆盖率远低于全国平均水平，其生态破坏的趋势远未能得到根本性遏制，甚至有所发展。目前黄河流域生态保护还呈现“九省治黄、各管一段”的局面，使在关键的流域管理治理重大问题上的协商和合作变得困难。另外，黄河中游河段流经黄土高原地区，水土流失严重，支流带入大量泥沙汇入黄河，使黄河成为世界上含沙量最多的河流。生态环境的恶化、森林的消失是造成黄河洪灾与断流并存的历史原因。同时黄河“善淤、善决、善徙”的特征已成为制约黄河流域生态保护和高质量发展的首要因素，洪水风险化解成为现实的难题。

（3）流域内部发展不平衡、中心城市辐射带动能力弱。从经济社会发展的空间格局来看，黄河流域经济社会发展相对滞后且发展水平不均。流域人口产业主要集聚于下游地区及中上游的汾渭谷地、河套平原、河西走廊和湟水谷地，与集聚区域形成鲜明对比的是，贫困人口主要集中于上中游地区和下游滩区，存在面广、量大、程度深的贫困地区，尤其是甘肃、宁夏、青海等省（区），与其他省份相比经济差距较为明显。根据国家统计局对居民收入的统计，黄河干流沿线九个省份与全国的人均收入平均水平、长江经济带 9 个省 2 个市的人均收入平均水平相比，不断下降。全部居民收入的绝对差距更大，侧面反映了城市居民收入水平具有更大的差距，也部分反映了市镇发展的经济活力相对欠缺。

（4）经济发展与生态环境容量之间矛盾的问题。由于受地理条件制约及人为因素的多重作用影响，黄河流域生态本底差，水资源短缺，水土流失严重，资源环境承载能力弱，经济发展和生态环境保护之间的矛盾问题突出。例如，黄河流域生态脆弱区分布广、类型多，上游的高原冰川、草原草甸和三江源、祁连山，中游的黄土高原，下游的黄河三角洲等都极易发生退化，恢复难度极大且过程缓慢。经济发展与生态环境容量之间矛盾的问题，也造成了新旧动能转换接续不力的难题。经济发展如何与生态环境容量相匹配，一直是困扰黄河流域生态保护和高质量发展的难题，亟待解决。

### 3.2.2　黄河流域沿线省份生态安全研究的必要性

黄河流域是我国重要的生态屏障和经济地带，在全国经济社会发展和生态安全方面具有十分重要的地位。然而，长期以来受自然环境条件及高强度开发的影响，流域的生态环境脆弱，生态安全等级较低，经济发展与资源环境矛盾仍然突出。2019 年黄河流域生态保护和高质量发展作为国家重大战略的提出，为流域沿线省份发展提供了巨大机遇。作为一个由资源环境和社会经济组成的复合生态系统，省份既是黄河流域区域发展的重要推动力，其发展又受到黄河流域资源环境和流域内其他省份的制约。黄河流域沿线九个省份的自然环境、经济发展、科学技术等条件各不相同，在绿色、高质量发展的要求下开展的经济建设也不可能保持同一频率，但在经济全球化及城镇化快速发展的背景下，流域内部发展不平衡、中心城市辐射带动能力弱等问题也成为制约黄河流域高质量发展的关键。如果各省份发展缺少一个联动的统筹治理机制，则会不断加大各省份发展差距，省份之间也会形成恶性竞争。为全面推进黄河流域高质量发展，各省份要保证生态优先的地位和要求统一，在治理要求、内容、技术等方面也要统筹协调，省份应充分审视自身的资源条件、优化与周边省份之间的关系、制定合理的发展战略以实现省份的高质量发展。以黄河流域高质量发展为背景，综合考虑流域各区域社会经济、自然资源、生态环境等实际情况，定量研究影响黄河流域生态安全水平提升的主要因素，系统、全面揭示黄河流域生态安全的现状及成因所在，能够为黄河流域进一步优化生态保护，实现高质量发展提供参考依据。

| 第4章 |

# 黄河流域生态安全评价实证分析

## 4.1　评价模型构建

### 4.1.1　评价指标构建原则

生态安全评价体系是一个涉及多领域、多角度、多层次的复杂系统，科学构建评价指标是合理评价生态安全水平的前提。为了能够全面、系统、准确地评价研究区域生态安全实际水平，要先构建科学、合理的生态安全评价指标体系。考虑到生态系统的系统性和复杂性等特点，在选取评价指标时，应当遵循科学、独立、可行性等原则，有针对性地构建区域生态安全评价指标体系。

（1）可获得性和科学性。黄河流域生态安全系统在内容和区域层面上都具有系统复合性，指标体系构建应以数据的科学性和可获得性为基础，一方面要准确全面地涵盖生态安全内容；另一方面要充分代表黄河流域不同区域生态安全实际状况，有效衡量和真实反映生态安全系统结构内容和功能现状。

（2）系统性和代表性。黄河流域生态安全系统研究是一个包含社会、经济、自然等多个子系统的复合生态系统，其中，各子系统间相互作用，因此，所构建的指标体系必须具有系统性。另外，指标构建还应具有代表性，其必须依据黄河流域沿线各省份实际状况选择具有充分代表性的评价指标，使研究结果更符合实际。

（3）可比性与动态性原则。在选取黄河流域生态安全评价指标时，所选指标数据可用于不同时间、不同空间的动态对比分析，以能够恰当地体现生态安全状况不断变化的时代特征和空间差异，且指标能够客观反映所选研究对象的真实情况。

## 4.1.2　指标构建模型——DPSIR 模型

在学习已有生态安全研究内容的基础上，以黄河流域高质量发展为背景，结合黄河流域各省份的实际现状，基于“驱动力—压力—状态—影响—响应”（DPSIR）模型构建了黄河流域生态安全评价指标体系，对相关指标进行科学合理的计算。基于 DPSIR 模型的黄河流域生态安全评价指标体系框架如图 4.1 所示。

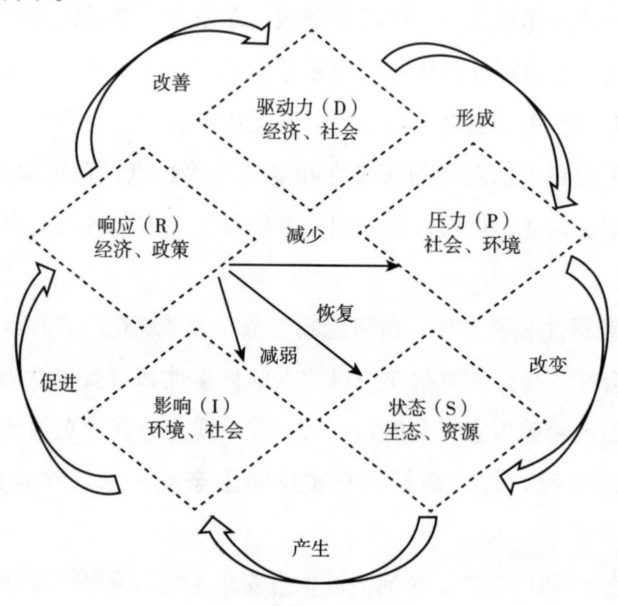


**图 4.1　DPSIR 模型框架**

### 4.1.3　黄河流域生态安全评价指标体系构建

基于“驱动力—压力—状态—影响—响应”（DPSIR）理论框架模型，构建了由目标层、标准层、因素层及指标层四个层面的黄河流域生态安全评价指标体系。

（1）驱动力（D）。驱动力是改善资源和环境状况的动力，同时也反映人口和社会经济特征，主要体现为区域经济社会的良好发展。有力的经济发展能促使地区政府在保护和改善生态环境方面投入更多物质资源，同时，经济发展能够加快产业结构优化，从而在一定程度上缓解社会经济发展带来的压力。在驱动力子系统下选择指标为人均GDP、第三产业增加值、人均可支配收入以及城镇化率。

（2）压力（P）。压力反映人类生产生活过程中威胁到自然生态环境，抑制其健康发展的各种因素，主要包括对资源环境的索取和对生态环境造成的压力。其是驱动力指标的表现形式，作用于驱动力之后，同时也是促使环境状态变化的因素。在压力子系统下选择指标为人口自然增长率、森林火灾受灾面积、农用塑料薄膜使用量、废水排放量。

（3）状态（S）。状态反映了压力子系统作用下生态环境的现实状况和发展趋势，其从多方面展现生态环境的承载力和生态水平。选择的指标是森林覆盖率、道路清扫保洁面积、人均水资源量以及人均公园绿地面积为状态子系统指标。

（4）影响（I）。影响反映了社会经济发展和环境压力指数变化而引起对生态环境状态的影响，是状态变化的结果，影响指标的指数也代表了当前的生态水平，可以反映生态水平测度指数。影响结果指数在一定程度上促使人们对生态环境的反思和采取行动保护生态环境。在影响子系统下选择的指标为生态环境用水比率、农林牧渔业产值比率、旅游收入、环境保护支出。

（5）响应（R）。响应是指面对生态环境所面临的压力和当前所处状态，为了减弱生态环境恶化对人类健康生存发展的影响，人类所采取各种积极政策和措施去改善生态环境。不同的响应措施能带来不同的效果。本书选择环保投资额比率、建成区绿化覆盖率、水土流失治理率、生活垃圾无害化处理率为响应子系统指标。

基于 DPSIR 模型构建黄河流域生态安全评价指标体系，分别从目标层、标准层、因素层及指标层四个方面构建 20 个指标（见表 4.1）。

**表 4.1　　　　黄河流域各省份生态安全评价指标体系**

| 目标层 | 准则层 | 因素层 | 指标层 | 序号 | 性质 | 单位 |
|---|---|---|---|---|---|---|
| 黄河流域生态安全综合指数 | 驱动力（D） | 经济发展 | 人均 GDP | D1 | 正 | 元 |
| | | | 第三产业增加值 | D2 | 正 | 亿元 |
| | | 社会发展 | 人均可支配收入 | D3 | 正 | 元 |
| | | | 城镇化率 | D4 | 正 | % |
| | 压力（P） | 社会压力 | 人口自然增长率 | P1 | 负 | ‰ |
| | | | 森林火灾受灾面积 | P2 | 负 | 公顷 |
| | | 环境污染 | 农用塑料薄膜使用量 | P3 | 负 | 吨 |
| | | | 废水排放量 | P4 | 负 | 万吨 |
| | 状态（S） | 生态建设 | 森林覆盖率 | S1 | 正 | % |
| | | | 道路清扫保洁面积 | S2 | 正 | 万平方米 |
| | | 资源环境 | 人均水资源量 | S3 | 正 | 立方米/人 |
| | | | 人均公园绿地面积 | S4 | 正 | 平方米/人 |
| | 影响（I） | 生态环境 | 生态环境用水比率 | I1 | 正 | % |
| | | | 农林牧渔业产值比率 | I2 | 正 | % |
| | | 社会影响 | 旅游外汇收入 | I3 | 正 | 亿美元 |
| | | | 环境保护支出 | I4 | 正 | % |
| | 响应（R） | 经济调控 | 环保投资额比率 | R1 | 正 | % |
| | | | 建成区绿化覆盖率 | R2 | 正 | % |
| | | 环境治理 | 水土流失治理面积 | R3 | 正 | 万公顷 |
| | | | 生活垃圾无害化处理率 | R4 | 正 | % |

（1）人均 GDP：指标单位为元/人，人均 GDP 常作为发展经济学中衡量经济发展状况的指标，也是人们了解和把握一个国家和地区的宏观经济运行状况的有效工具。该指标是正向指标；计算方式为地区当年生产总值/区域

年末总人口数量。

（2）第三产业增加值：第三产业发展对社会、经济有显著的驱动效应，且对生态资源依赖性低，同时第三产业增加值可以反映区域产业转型升级力度。该指标是正向指标。

（3）人均可支配收入：指标单位为元，是指居民家庭全部现金收入能用于安排家庭日常生活的那部分收入。它是家庭总收入扣除缴纳的所得税、个人缴纳的社会保障以及调查户的记账补贴后的收入。一般来说，人均可支配收入与生活水平成正比，即人均可支配收入越高，生活水平则越高。该指标是正向指标。

（4）城镇化率：指标单位为%，用于反映人口向城市聚集的过程和聚集程度，用来衡量一个国家或地区现代化水平的重要标志，也是反映城镇化水平高低、揭示城镇化进程的一个重要指标。该指标是正向指标；计算方式为年末城市总人口数量/区域年末总人口数量。

（5）人口自然增长率：是反映人口自然增长的趋势和速度的指标，衡量一个地区人口增长的快慢程度。人口增长过快，人均资源拥有量就会降低，对生态安全具有潜在压力。该指标是逆向指标。

（6）森林火灾受灾面积：指标单位为公顷，指被火烧过的森林面积，过火后凡导致林地林木正常生长受阻或毁坏的过火面积都界定为森林火灾受害面积。该指标是逆向指标。

（7）农用塑料薄膜使用量：指标单位为吨；常用的农用塑料薄膜材质主要有聚氯乙烯、聚乙烯、聚丙烯、不饱和聚酯树等。我国是一个农业大国，各种农用塑料薄膜作为大棚、地膜覆盖物被广泛使用，如果管理、回收不善，大量残膜碎片散落田间，会造成农田“白色污染”。该指标是逆向指标；数据来源于统计年鉴。

（8）废水排放量：指标单位为万吨；废水排放量是指工业、第三产业和居民生活等用水户排放的水量，也表示人类活动对生态环境造成不可忽视的污染问题，废水排放影响水中动物的生存、影响地下饮用水的质量，造成生态环境破坏，尤其化工企业排放出来的污水含有很多化学物质，对人体健康存在潜在的健康风险。该指标是逆向指标；数据来源于统计年鉴。

（9）森林覆盖率：指标单位为%；森林覆盖率指标是指森林面积占土地面积的比率，是反映一个国家（或地区）森林资源和林地占有的实际水平的重要指标。森林能够有效地涵养水源，防止水土流失，缓解“温室效应”，是反映区域生态环境的一个直观指标。该指标是正向指标；数据来源于统计年鉴。

（10）道路清扫保洁面积：是指报告期末对城市道路和公共场所进行清扫保洁的面积。用来衡量城市环境卫生的重要标志，代表城市宜居宜业水平。该指标是正向指标；数据来源于统计年鉴。

（11）人均水资源量：指标单位为立方米/人；用来衡量国家或地区可利用水资源的程度指标之一，也反映了一个国家或地区的人均水资源占有量和水资源量的丰裕度。该指标是正项指标；计算方式为区域水资源总量/地区年末总人口数量。

（12）人均公园绿地面积：指标单位为平方米/人；是展示城市整体环境水平和居民生活质量的一项重要指标，指的是城镇公园绿地面积的人均占有量。该指标是正向指标；数据来源于统计年鉴。

（13）生态环境用水比率：是指为生态环境修复与建设或维持本土自然生态系统基本功能所需要的常年平均水资源量的比例，反映区域对生态环境的维护力度。该指标是正向指标。

（14）农林牧渔业产值比率：用来衡量农业经济发展状况，拉动经济增长，促进社会发展，对生态环境有积极和消极双重影响，综合考虑其对社会、经济、环境三方面的影响。该指标是正向指标。

（15）旅游外汇收入：指标单位为亿美元；是一国外汇收入的重要组成部分，它反映了一国国际旅游的规模和水平，是旅游统计的主要指标。该指标是正向指标。

（16）环境保护支出：是指政府环境保护支出，包括环境保护管理事务支出、环境监测与监察支出、污染治理支出等，反映当下生态环境保护需占用的财政支出。该指标是正向指标。

(17) 环保投资额比率：可以反映一个地区对生态环境保护的力度，也反映了经济子系统对水资源的保护与支撑作用。该指标是正向指标。

(18) 建成区绿化覆盖率：表示城市建成区的绿化覆盖率面积占建成区面积的百分比，是衡量城市绿地系统建设和发展水平最核心、最重要的指标之一。该指标是正向指标。

(19) 水土流失治理面积：指标单位为万公顷；沿黄河流域因土壤特有的性质，水土流失是常见的主要自然灾害，通过种植经济林、防护林等植物措施，坡面整治、侵蚀沟治理等工程措施，加强对水土流失的治理力度是提升区域生态环境质量的主要措施之一。该指标是正向指标；数据来源于统计年鉴。

(20) 生活垃圾无害化处理率：是指无害化处理的城市市区垃圾数量占市区生活垃圾产生总量的百分比，一般要求生活垃圾无害化处理率≥85%。该指标是正向指标。

### 4.1.4　指标数据标准化及权重确定

科学合理地判断和计算评价指标权重，对研究目标量化结果的准确性和可靠性起着重要作用。熵权法是利用各指标所提供的信息量大小来确定指标权重，可以有效地避免人为因素的干扰。有以下步骤。

(1) 标准化处理。根据初始数据构建矩阵 $Q=(q_{ij})_{m\times s}$ $(i=1,2,\cdots,m;\ j=1,2,\cdots,s)$。标准化处理方法如下。

越大越优型：

$$r_{ij}=\frac{q_{ij}-(q_{ij})_{min}}{(q_{ij})_{max}-(q_{ij})_{min}} \tag{4.1}$$

越小越优型：

$$r_{ij}=\frac{(q_{ij})_{max}-q_{ij}}{(q_{ij})_{max}-(q_{ij})_{min}} \tag{4.2}$$

其中，$(q_{ij})_{max}$、$(q_{ij})_{min}$分别为同一指标不同样本量值$q_{ij}$中的最大值和最小值。

（2）熵值。计算第 i 项指标的第 j 个样本在总样本中的比重$f_{ij}$，进而获取第 i 项指标的熵值$H_i$：

$$f_{ij} = \frac{1 + r_{ij}}{\sum_{j=1}^{s}(1 + r_{ij})} \tag{4.3}$$

$$H_i = -\frac{\sum_{j=1}^{s} f_{ij} \ln f_{ij}}{\ln s} \tag{4.4}$$

（3）熵权。结合熵值，计算各指标的熵权 $W = (\omega_i)_{1 \times m}$：

$$\omega_i = \frac{1 - H_i}{\sum_{i=1}^{m}(1 - H_j)} \tag{4.5}$$

其中，$\omega_i$ 为第 i 项指标的权重 $0 \leqslant \omega_i \leqslant 1$，$\sum_{i=1}^{m} \omega_i = 1$。

评价指标权重计算结果如表 4.2 所示。

**表 4.2　评价指标权重计算结果**

| 指标 | 权重 | 指标 | 权重 |
|---|---|---|---|
| D1 | 0.0446 | S3 | 0.0665 |
| D2 | 0.0684 | S4 | 0.0631 |
| D3 | 0.0447 | I1 | 0.0497 |
| D4 | 0.0591 | I2 | 0.0371 |
| P1 | 0.0494 | I3 | 0.0668 |
| P2 | 0.0385 | I4 | 0.0452 |
| P3 | 0.0375 | R1 | 0.0447 |
| P4 | 0.0507 | R2 | 0.0481 |
| S1 | 0.0492 | R3 | 0.0491 |
| S2 | 0.0517 | R4 | 0.0360 |

### 4.1.5　生态安全评价模型——TOPSIS 模糊物元法

逼近理想解排序法通过相对贴近度反映出多个样本的优劣性，其可以很好地利用原始数据，物元模型能有效解决各单项指标之间不相容的问题，因此，将两者结合，使不同标准层下的 TOPSIS 贴近度具有较为明显的差别，从而可以对不同子系统下的生态安全水平进行有效、准确的评估。有以下步骤。

（1）构建复合模糊物元。如果事物 M 有 n 个特征向量$C_1, C_2, \cdots, C_n$ 和其相应的模糊量值$X_1, X_2, \cdots, X_n$，则称$R_n$ 为 n 维模糊物元。m 个事物的 n 维物元组合则构成复合物元，记为$R_{mn}$。如果把$R_{mn}$的量值改为模糊量值，则称为复合模糊物元，用$\hat{R}_{mn}$表示。相应的矩阵表示为：

$$R_{mn} = \begin{bmatrix} X_{11} & X_{21} & \cdots & X_{m1} \\ X_{12} & X_{22} & \cdots & X_{m2} \\ \vdots & \vdots & \vdots & \vdots \\ X_{1n} & X_{2n} & \cdots & X_{mn} \end{bmatrix} \tag{4.6}$$

$$\hat{R}_{mn} = \begin{bmatrix} V_{11} & V_{21} & \cdots & V_{m1} \\ V_{12} & V_{21} & \cdots & V_{m2} \\ \vdots & \vdots & \vdots & \vdots \\ V_{1n} & V_{2n} & \cdots & V_{mn} \end{bmatrix} \tag{4.7}$$

其中，$R_{mn}$表示 m 个事物的 n 维复合物元；$\hat{R}_{mn}$表示 m 个事物的 n 维复合模糊物元；$M_i$ 表示第 i 个事物；$X_{ij}$表示第 i 个事物的第 j 项特征量值；$v_{ij}$表示第 i 个事物的第 j 项特征模糊量值，$i = 1, 2, \cdots, m$；$j = 1, 2, \cdots, n$。

（2）确定从优隶属度。从优隶属度是指各项评价指标对应的模糊量值，从属于标准方案中相应模糊量值的隶属程度，根据从优隶属度确定的原则叫作从优隶属度原则。由$R_{mn}$变成$\hat{R}_{mn}$，此处根据从优隶属度原则来确定从优隶属度，计算公式如下。

正向指标：

$$v_{ij} = (X_{ij} - \min_i\{X_{ij}\}) / (\max_i\{X_{ij}\} - \min_i\{X_{ij}\}) \tag{4.8}$$

逆向指标：

$$v_{ij} = (\max_i\{X_{ij}\} - X_{ij}) / (\max_i\{X_{ij}\} - \min_i\{X_{ij}\}) \tag{4.9}$$

（3）计算加权模糊物元矩阵。$\hat{R}_{mn}$乘以各项指标权重即可得到加权模糊物元矩阵：

$$Z = (r_{ij})_{mn} = (W_j \cdot v_{ij})_{mn}, (i = 1, 2, \cdots, m; j = 1, 2, \cdots, n) \tag{4.10}$$

（4）确定正负理想解。正理想解$Z^+ = (Z_1^+, Z_2^+, L, Z_n^+)$，负理想解$Z^- = (Z_1^-, Z_2^-, L, Z_n^-)$，其中：

$$Z_j^+ = \max\{Z_{1j}, Z_{2j}, L, Z_{mj}\} \tag{4.11}$$

$$Z_j^- = \min\{Z_{1j}, Z_{2j}, L, Z_{mj}\} (j = 1, 2, \cdots, n) \tag{4.12}$$

（5）计算评价对象与正负理想解的欧氏距离。$d_i^+$ 越小，$d_i^-$ 越大，则评价对象越优。

正理想解：
$$d_i^+ = \sqrt{\sum_{j=1}^{n} (Z_j^+ - Z_{ij})^2} \tag{4.13}$$

负理想解：
$$d_i^- = \sqrt{\sum_{j=1}^{n} (Z_j^- - Z_{ij})^2} \tag{4.14}$$

（6）计算贴近度$C_i$。评价对象与理想解的接近程度即为贴进度，$C_i$ 越大，评价对象越接近理想解。计算公式如下：

$$C_i = \frac{d_i^-}{d_i^+ + d_i^-} \tag{4.15}$$

### 4.1.6 生态安全评价分级标准

根据现有相关研究，生态安全水平可划分为五个级别，分类标准如表 4.3 所示。

**表 4.3　　生态安全等级划分标准**

| ESI | 生态安全等级 | 生态安全等级特征描述 |
|---|---|---|
| <0.25 | 危险Ⅴ | 生态系统结构紊乱，服务功能部分丧失，协调发展被严重阻碍 |
| 0.25~0.35 | 敏感Ⅳ | 生态系统结构出现轻微紊乱，服务功能开始退化，经济发展同时伴随着环境污染问题 |
| 0.35~0.5 | 临界安全Ⅲ | 生态系统结构较为完整，服务功能基本正常，生态问题可维持在经济发展可接受范围 |
| 0.5~0.75 | 良好Ⅱ | 生态系统结构较为完整，服务功能良好，经济发展与资源环境基本协调 |
| >0.75 | 安全Ⅰ | 生态系统结构完善，服务功能较好，经济发展与资源环境协调较好 |

资料来源：《中华人民共和国国家生态环境标准》。

## 4.2　黄河流域生态安全评价结果分析

### 4.2.1　黄河流域生态安全时序演变分析

黄河流域流经九个省份，按行政区划可分为上、中、下游。上游包括青海、甘肃、宁夏和四川；中游包括内蒙古、陕西和山西；下游包括河南、山东。在构建合理评价指标体系的基础上，通过熵权 TOPSIS 模糊物元模型计算得到沿黄河九省份生态安全综合指数，如表 4.4 所示。

**表 4.4　　2010~2019 年黄河流域沿线省份生态安全水平综合贴进度**

| 年份 | 青海 | 四川 | 甘肃 | 宁夏 | 内蒙古 | 陕西 | 山西 | 河南 | 山东 | 流域整体 |
|---|---|---|---|---|---|---|---|---|---|---|
| 2010 | 0.297 | 0.353 | 0.226 | 0.273 | 0.311 | 0.215 | 0.379 | 0.267 | 0.276 | 0.289 |
| 2011 | 0.314 | 0.329 | 0.245 | 0.265 | 0.314 | 0.310 | 0.339 | 0.266 | 0.296 | 0.298 |
| 2012 | 0.303 | 0.342 | 0.268 | 0.249 | 0.298 | 0.326 | 0.336 | 0.293 | 0.282 | 0.300 |
| 2013 | 0.320 | 0.378 | 0.231 | 0.290 | 0.330 | 0.323 | 0.359 | 0.300 | 0.296 | 0.314 |
| 2014 | 0.386 | 0.426 | 0.315 | 0.333 | 0.402 | 0.371 | 0.410 | 0.345 | 0.394 | 0.376 |

续表

| 年份 | 青海 | 四川 | 甘肃 | 宁夏 | 内蒙古 | 陕西 | 山西 | 河南 | 山东 | 流域整体 |
|---|---|---|---|---|---|---|---|---|---|---|
| 2015 | 0.465 | 0.523 | 0.418 | 0.464 | 0.458 | 0.501 | 0.430 | 0.465 | 0.473 | 0.466 |
| 2016 | 0.528 | 0.583 | 0.482 | 0.543 | 0.573 | 0.586 | 0.495 | 0.518 | 0.546 | 0.539 |
| 2017 | 0.558 | 0.589 | 0.520 | 0.565 | 0.608 | 0.614 | 0.512 | 0.573 | 0.590 | 0.570 |
| 2018 | 0.612 | 0.643 | 0.577 | 0.623 | 0.626 | 0.635 | 0.549 | 0.605 | 0.638 | 0.612 |
| 2019 | 0.633 | 0.678 | 0.590 | 0.668 | 0.659 | 0.670 | 0.569 | 0.636 | 0.651 | 0.644 |

#### 4.2.1.1 黄河流域整体生态安全时序演变分析

根据表4.4和图4.2可知，2010~2019年沿黄河流域九省份生态环境不断改善，各省份生态安全水平虽有波动，但整体呈逐年上升态势，生态安全发展经历了“小幅上升—快速上升—稳定上升”的三个过程，安全贴近度指数由2010年0.289增长至2019年的0.644，安全等级由敏感阶段逐渐转变为良好阶段，表明研究期间黄河流域生态系统趋于好转，生态系统结构和功能不断改善和增强，生态安全指数逐年上升。

第一阶段：2010~2013年。这一阶段黄河流域生态安全整体水平呈现小幅上升，基本保持平稳态势。生态安全贴近度由0.289上升至0.314，增长了8.6%，安全等级处于敏感状态，整体水平较低。改革开放以来，随着我国社会经济迅速发展和人民生活品质的不断提高，先污染后治理的观念根深蒂固，“井喷式”的城市化发展伴随着巨大的资源消耗，严重的工业“三废”污染和沉重的人口压力导致资源环境高负荷。此外，由于一些西部地区遭受严重自然灾害的破坏，使黄河流域整体生态退化趋势明显。自2012年中共十八大以来，社会主义生态文明建设已被上升为国家战略高度。黄河沿线区域也被列入中国主要流域水污染防治和水土流失治理的国家规划中，中央和地方政府进一步有针对性地加大生态建设和环境保护治理力度，逐步提高沿黄河流域生态安全水平，生态文明状况持续向好。

第二阶段：2014~2016年。这一阶段黄河流域生态安全整体水平分阶段持续增长，增速大幅增加，生态安全贴近度由0.376增长至0.539，增长率为 43.4%，安全等级由敏感阶段逐渐转变为临界安全状态，整体安全水平实现较为可观的发展态势。2016 年作为“十三五”规划开局之年，黄河流域生态文明建设工作有了更明确的方向，各省份强化污染防治力度，降低废水和废气排放总量，增加环境污染防治投资力度等，这一系列举措使生态环境的保护得到了明显的可观发展趋势，也为该流域经济发展和生态环境治理带来了新的机遇。

第三阶段：2017～2019 年。这一阶段黄河流域整体生态安全水平呈稳定增长趋势，生态安全贴近度由 0.570 上升至 0.644，提升了 12.98%，生态安全等级由临界安全状态转变为良好阶段。近年来，黄河流域各省份生态安全状况不断改善，与我国加大黄河流域生态保护，推进流域高质量发展，实现“五位一体”总布局等生态文明建设政策息息相关，有力推动了社会经济发展和自然生态环境协同发展的良好局面，在一定程度上改善了生态环境状况。

#### 4.2.1.2　黄河流域区域生态安全时序演变分析

由于黄河流域横跨中国东部、中部和西部三大地区，并根据流域地理位置分为上游、中游、下游，因而不同区域的气候、地形地貌及自然资源差异存在明显的先天性差异，除这些固有的差异外，流域各区域后天不同的发展模式也加剧了资源和环境的异质性。为了更加明确黄河流域沿线各省份生态安全水平的动态变化和时间序列特征，分别做了黄河上游、中游、下游地区生态安全分布（见图 4.2）。上游地区来看，青海、四川、甘肃、宁夏四省份在 2010～2019 年生态安全水平总体呈现较集中提升趋势。其中，甘肃省生态安全水平提升幅度最低，安全等级由敏感阶段转变为临界安全阶段，其他三省生态安全等级均经历了“敏感—临界安全—良好”三个阶段。四川省生态安全水平在研究期间处于上游区域最高水平，生态安全形势总体较好，这是由于四川省生态本底和自然资源的优势，以及在进入 21 世纪后实施西部大开发政策，四川省在经济发展过程中开始注重环境保护，开发低碳经济，节能减排，调整产业结构，使经济发展与生态环境趋于协调。甘肃省由于其本底生态脆弱、自然资源匮乏、流域内雨水量稀少、植被覆盖率低、经济发展相对滞后等原因导致生态安全的水平较低，但随着近年来生态保护意识的提高，加上国家大力推出的环境治理和环境保护措施，该区域植被覆盖率和绿地面积持续增加，工业废水排放和生活污染得到有效遏制，空气质量、绿地环境以及水源净化等各项指标不断完善，生态安全水平整体仍然向好的方向发展。

从中游地区来看，内蒙古、陕西、山西三省份10年间生态安全水平呈现较分散的增长趋势。其中，山西省生态安全水平增长较慢，从2010年的0.379增长至2019年的0.579，安全等级由敏感阶段转变为临界安全阶段，其余两省份生态安全等级均经历了“敏感—临界安全—良好”三个阶段。山西省生态环境改善趋势较缓慢是因为作为中国主要的煤炭生产基地，山西省拥有发达的煤炭开采加工产业，而煤炭开采的同时也对植被、水土治理和土壤安全构成很大威胁。为了解决山西省长期以来依靠资源消耗拉动经济增长的发展模式遗留下的问题，自“十二五”规划实施以来，山西省大力推进环境整治，不断增加造林面积、森林覆盖率等环保治理投资，在各方积极协调发展下，山西省生态环境逐渐得到改善，但生态安全水平仍较低于其他各省。陕西省生态安全水平在中游地区呈现明显提升趋势，这是因为长期以来，陕西省在增加环境治理力度、减少工业污染排放量、大力发展循环经济等方面投入了大量资金和技术，这些强有力的措施不断提高陕西省生态安全整体耦合协调水平。内蒙古自治区与青海省的生态安全水平有相同变化趋势，这是由于青海省和内蒙古自治区地域辽阔、人口密度小、资源总量大、工业化水平低，区域资源消耗和污染排放强度相对较低，环境压力较低，生态安全水平相对具有优势。

从下游地区来看，河南和山东2010~2019年生态安全变化趋势显著，生态安全等级均由敏感阶段转变为良好阶段。研究之初，下游省份经济发展与生态环境的矛盾依然存在，生态安全的水平较低，然而作为黄河流域生态文明建设的主战场，山东省与河南省近年来不断完善政策机制，统筹协调生态环境与经济发展的关系，生态安全水平也逐渐展现出优势地位，2017年以来黄河下游生态安全水平跃居向上，其更多是依托经济发展高水平，政府利用相对经济优势，按照“减量化、再利用、资源优化”的原则，加大环保投入和建设力度，加强环境治理，不断提高生态安全水平。

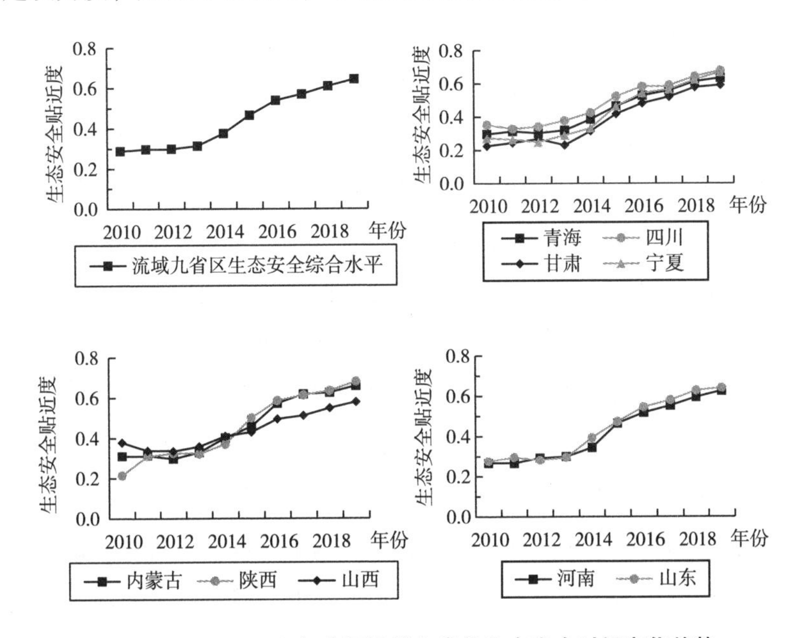


**图4.2 2010～2019年黄河沿线九省份生态安全时间变化趋势**

## 4.2.2 黄河流域生态安全空间演变特征

空间格局演变分析可以有效直观地反映各省生态安全水平空间差异。选取2010年、2013年、2016年和2019年四个代表性年份生态安全贴近度值，分析黄河流域九省份生态安全在空间上的分布情况。

由于生态资源禀赋及生态建设力度的不同，沿黄河流域各省份的生态安全水平2010～2019年在空间上呈现出从“中游领先”到“下游超越”的演进格局。2010～2016年，黄河流域生态安全呈现“中游领先，上游微弱领先于下游”的特征，其间上游、中游、下游生态安全水平分别为0.36、0.39、0.35。2017～2019年，黄河下游地区在经济带动下生态安全水平提升较快，逐渐缩小与上游、中游的差距，呈现“下游居上，黄河上游和中游并肩齐驱”

的态势，其间上游、中游、下游生态安全平均水平分别为0.60、0.60、0.62。

总体而言，黄河上游地区生态安全水平变化居中，由于其处特殊的地理位置及复杂的气候条件，其生态本底差，但随着环保政策的不断完善和环保治理力度的不断提高，以及其在人均资源多及工业污染物排放量少等方面存在优势，使研究期间生态安全状况总体较好。黄河中游不仅是中国重要的农牧业和能源生产基地，也是文化资源丰富的地区，但同时该地区也是能源生产和消费的大省，长期以来依靠能源消费拉动经济增长。尽管近年来在生态文明建设和高质量发展的宏观政策引导下，开始发展低碳经济，节能减排，调整产业结构，但经济发展和生态环境之间的矛盾依然存在，生态安全水平提升趋势较慢。黄河下游生态安全水平变化与环境库兹涅茨曲线保持一致，该曲线指出，经济发展速度与环境质量之间呈倒“U”形曲线关系，在经济发展初期通常会造成生态环保质量低下，而随着经济社会的不断发展，人民群众对生态环境质量的期望值也会提高，则促使其生产环境和生活方式的环保化，这也有助于提高生态环境质量。短期内下游区域经济发展迅速，给环境保护带来较大压力，生态安全的水平相对较低，以牺牲生态环境为代价发展社会经济存在严重问题，中长期中下游区域生态环境形势较好，自2012年明确提出生态文明建设的重要性，山东、河南为提升生态环境质量，加大整治力度，引进先进循环技术，利用其经济优势，以强大的经济实力推动社会绿色发展，带动生态环境质量逐步发展，2017年生态安全水平已超越上游、中游地区。

整体来看，研究期内多数省份生态安全状况逐渐改善，生态安全水平不断提高，但其提升幅度依然较小，上游地区的甘肃和宁夏生态环境脆弱，是生态安全未来保护和提高的重点区域，需要因地制宜进行改善；而山东和河南近两年改善状况较好，但其发展和环境的矛盾依然存在，需要统筹推进耦合协调；中部地区为生态安全保护的关键区，需突破生态瓶颈，寻求进一步的协调发展和提升空间。

| 第 5 章 |

# 黄河流域生态安全耦合协调性分析

促进黄河流域沿线各省份生态环境系统、社会经济系统、人文资源系统等全面协同发展是实现黄河流域生态环境保护和经济高质量发展的必然要求。近年来在人口—资源—环境—经济等系统间相互关联和矛盾关系不断凸显的情况下，研究黄河流域生态安全子系统间的动态耦合关系及互动机理已成为推进流域健康协调发展的重要措施。基于黄河流域各省份生态安全评价基础之上，引入耦合度和耦合协调模型，对黄河流域各区域 2010～2019 年“驱动力—压力—状态—影响—响应”系统耦合度、协调度的时间序列变化和空间分异特征进行系统、全面的分析。

## 5.1 耦合协调度模型构建

耦合度模型具有广泛的应用背景，其主要通过耦合指数反映系统间相互作用能力，但其无法明确表示系统间正负影响。因此，在耦合度模型的基础上，进一步引入耦合协调度模型来分析各子系统之间的协调关系，计算公式如下：

$$\begin{cases} H = \sqrt{C \times T} \\ C = 5\left[\dfrac{D \cdot P \cdot S \cdot I \cdot R}{(D + P + S + I + R)^5}\right]^{\frac{1}{5}} \\ T = \beta_1 D + \beta_2 P + \beta_3 S + \beta_4 I + \beta_5 R \end{cases} \tag{5.1}$$

其中，H 表示耦合协调度指数；C 表示黄河流域生态安全测度中各指标的耦合度；T 表示驱动力、压力、状态、影响和响应五个子系统的综合协调指数，$\beta_1$、$\beta_2$、$\beta_3$、$\beta_4$、$\beta_5$ 分别表示九省份五个子系统所对应系数。在此认为五个子系统之间同等重要，因此，令取$\beta_1 = \beta_2 = \beta_3 = \beta_4 = \beta_5 = 0.2$。

为了更好地判别各省份生态安全系统影响因子的耦合协调状态，本书参考已有研究成果，将耦合协调度划分为失调和协调阶段，失调阶段划分为：

极度失调（$0 < H \leqslant 0.1$），严重失调（$0.1 < H \leqslant 0.2$），中度失调（$0.2 < H \leqslant 0.3$），轻度失调（$0.3 < H \leqslant 0.4$），濒临失调（$0.4 < H \leqslant 0.5$）；协调阶段划分为：勉强协调（$0.5 < H \leqslant 0.6$），初级协调（$0.6 < H \leqslant 0.7$），中级协调（$0.7 < H \leqslant 0.8$），良好协调（$0.8 < H \leqslant 0.9$），优质协调（$0.9 < H \leqslant 1$）。

## 5.2 黄河流域生态安全耦合协调性研究

本书生态安全内容主要包括五个子系统，分别为驱动力、压力、状态、影响、响应，子系统内部间的协同作用促使整个系统不断向有序方向推进，而耦合度就是反映这种协同效应程度大小的度量指标。以黄河流域九省份驱动力、压力、状态、影响、响应指数为基础，分别运用耦合度模型、耦合协调度模型，计算得到 2010～2019 年黄河流域九省份生态安全子系统耦合协调度及流域生态安全整体耦合协调度（见表 5.1）。

**表 5.1　2010～2019 年黄河流域各省份生态安全耦合协调度**

| 省份 | 项目 | 2010 年 | 2011 年 | 2012 年 | 2013 年 | 2014 年 | 2015 年 | 2016 年 | 2017 年 | 2018 年 | 2019 年 |
|---|---|---|---|---|---|---|---|---|---|---|---|
| 青海 | 耦合度 | 0.960 | 0.932 | 0.933 | 0.927 | 0.948 | 0.955 | 0.961 | 0.969 | 0.971 | 0.974 |
| | 协调度 | 0.562 | 0.628 | 0.621 | 0.643 | 0.650 | 0.674 | 0.653 | 0.660 | 0.687 | 0.691 |
| | 协调程度 | 勉强 | 初级 | 初级 | 初级 | 初级 | 初级 | 初级 | 初级 | 初级 | 初级 |
| 四川 | 耦合度 | 0.993 | 0.990 | 0.986 | 0.992 | 0.995 | 0.989 | 0.992 | 0.987 | 0.994 | 0.990 |
| | 协调度 | 0.621 | 0.642 | 0.689 | 0.711 | 0.703 | 0.720 | 0.705 | 0.685 | 0.740 | 0.748 |
| | 协调程度 | 初级 | 初级 | 初级 | 中级 | 中级 | 中级 | 中级 | 初级 | 中级 | 中级 |

续表

| 省份 | 项目 | 2010 年 | 2011 年 | 2012 年 | 2013 年 | 2014 年 | 2015 年 | 2016 年 | 2017 年 | 2018 年 | 2019 年 |
|---|---|---|---|---|---|---|---|---|---|---|---|
| 甘肃 | 耦合度 | 0.955 | 0.952 | 0.949 | 0.944 | 0.953 | 0.957 | 0.948 | 0.951 | 0.956 | 0.950 |
| | 协调度 | 0.510 | 0.526 | 0.575 | 0.588 | 0.601 | 0.610 | 0.622 | 0.651 | 0.668 | 0.684 |
| | 协调程度 | 勉强 | 勉强 | 勉强 | 勉强 | 初级 | 初级 | 初级 | 初级 | 初级 | 初级 |
| 宁夏 | 耦合度 | 0.959 | 0.948 | 0.936 | 0.931 | 0.957 | 0.959 | 0.962 | 0.966 | 0.970 | 0.971 |
| | 协调度 | 0.531 | 0.552 | 0.563 | 0.593 | 0.620 | 0.639 | 0.659 | 0.665 | 0.699 | 0.714 |
| | 协调程度 | 勉强 | 勉强 | 勉强 | 勉强 | 初级 | 初级 | 初级 | 初级 | 初级 | 中级 |
| 内蒙古 | 耦合度 | 0.905 | 0.900 | 0.902 | 0.899 | 0.912 | 0.917 | 0.923 | 0.919 | 0.920 | 0.924 |
| | 协调度 | 0.595 | 0.614 | 0.619 | 0.677 | 0.672 | 0.621 | 0.684 | 0.702 | 0.710 | 0.712 |
| | 协调程度 | 勉强 | 初级 | 初级 | 初级 | 初级 | 初级 | 初级 | 中级 | 中级 | 中级 |
| 陕西 | 耦合度 | 0.964 | 0.955 | 0.949 | 0.937 | 0.952 | 0.963 | 0.966 | 0.972 | 0.968 | 0.974 |
| | 协调度 | 0.501 | 0.600 | 0.635 | 0.655 | 0.642 | 0.716 | 0.722 | 0.726 | 0.717 | 0.734 |
| | 协调程度 | 勉强 | 初级 | 初级 | 初级 | 初级 | 中级 | 中级 | 中级 | 中级 | 中级 |
| 山西 | 耦合度 | 0.932 | 0.929 | 0.922 | 0.920 | 0.928 | 0.924 | 0.931 | 0.935 | 0.930 | 0.938 |
| | 协调度 | 0.640 | 0.666 | 0.664 | 0.691 | 0.688 | 0.618 | 0.636 | 0.644 | 0.657 | 0.677 |
| | 协调程度 | 初级 | 初级 | 初级 | 初级 | 初级 | 初级 | 初级 | 初级 | 初级 | 初级 |
| 河南 | 耦合度 | 0.933 | 0.931 | 0.928 | 0.919 | 0.926 | 0.927 | 0.929 | 0.931 | 0.934 | 0.942 |
| | 协调度 | 0.517 | 0.567 | 0.600 | 0.629 | 0.637 | 0.662 | 0.647 | 0.673 | 0.674 | 0.698 |
| | 协调程度 | 勉强 | 勉强 | 初级 | 初级 | 初级 | 初级 | 初级 | 初级 | 初级 | 初级 |
| 山东 | 耦合度 | 0.920 | 0.922 | 0.916 | 0.907 | 0.899 | 0.900 | 0.912 | 0.918 | 0.924 | 0.933 |
| | 协调度 | 0.533 | 0.589 | 0.592 | 0.617 | 0.654 | 0.688 | 0.679 | 0.698 | 0.723 | 0.702 |
| | 协调程度 | 勉强 | 勉强 | 勉强 | 初级 | 初级 | 初级 | 初级 | 初级 | 中级 | 中级 |

### 5.2.1　黄河流域生态安全耦合性分析

由表 5.1 可知，2010 ~2019 年黄河流域九省份“驱动力—压力—状态—影响—响应”子系统耦合度时序变化特征为先下降后逐步缓升的趋势，耦合度整体水平由 2010 年的 0.947 降低至 2013 年的 0.931，再从 2014 年的 0.941 提升至 2019 年的 0.955，其主要原因为：“十二五”规划初期各地区生态环境仍受之前大力发展社会经济、加快城市化建设以及工业污染严重等因素影响，系统内部相互平衡局面仍未形成。“十三五”规划以来，各地区加大环境污染治理力度，生态环境与各子系统间朝有序方向发展，系统内部整体耦合指数逐渐上升。整体而言，2010～2019 年黄河流域整体内部耦合指数范围处于［0.899，0.955］，处于高水平耦合阶段，可以看出，生态安全与五个子系统间相互作用、影响程度很强，流域生态安全水平与社会经济发展、自然资源状况、生态环境保护等节奏相吻合，其中，一个子系统的修复或是破坏在很大程度上影响其他子系统的状况，进而对生态安全产生较大影响。

为了进一步明确生态安全系统内部耦合性在不同区域上差异性，分黄河上游、中游、下游地区进行分析。从上游地区来看，青海、甘肃、宁夏、四川 4 个省份生态安全耦合指数呈先下降后恢复的趋势，2010～2013 年上游 4 个省份生态安全指数由 2010 年的 0.960、0.993、0.955、0.959 降低至 2013 年的 0.927、0.992、0.944、0.931，生态安全耦合指数又由 2014 年的 0.948、0.995、0.953、0.957 逐渐上升至 2019 年的 0.974、0.990、0.950、0.971。2010～2019 年青海、甘肃、宁夏、四川 4 个省份 10 年间生态安全耦合指数分别增长了 1.46%、－0.30%、－0.52%、1.46%，黄河上游生态安全内部耦合协调性整体处于高耦合阶段。

从中游地区来看，内蒙古、陕西、山西 3 个省份生态安全耦合指数由 2010 年的 0.905、0.964、0.932 降低至 2013 年的 0.899、0.937、0.920，生态安全耦合指数由 2014 年的 0.912、0.952、0.928 提升至 2019 年的 0.924、0.974、0.938，2018 年中游区域生态安全耦合指数出现略微波动趋势。2010～2019 年中游内蒙古、陕西、山西 3 个省份生态安全耦合指数分别增长了 2.10%、1.04%、0.64%，处于高度耦合阶段。

从下游地区来看，河南和山东两省份 10 年间生态安全耦合指数呈现先下降后上升的趋势。2010～2013 年河南省和山东省生态安全耦合度指数由 2010 年的 0.933、0.920 降低至 2013 年的 0.919、0.907，生态安全指数又由 2014 年的 0.926、0.899 上升至 2019 年的 0.942、0.933。2010～2019 年河南省和山东省生态安全耦合度指数分别增长了 0.96%、1.41%，下游地区生态安全耦合度处于高度耦合阶段，相比于上游和中游地区，下游地区生态安全耦合性偏低。综上所述，黄河流域整体处于高耦合阶段，整体耦合度处于先下降后上升的趋势，上游地区生态安全耦合度较高，下游地区生态安全耦合度偏低，黄河流域生态安全系统间耦合度较高。究其原因，主要是流域地区社会经济发展与资源环境息息相关，整体而言，流域社会经济发展、资源开发利用程度和生态环境保护节奏相吻合（见图 5.1）。

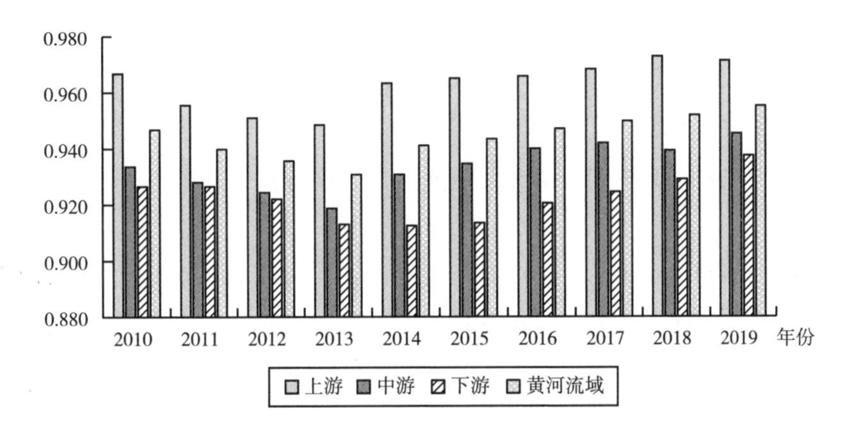


**图 5.1　2010 ~ 2019 年黄河流域生态安全系统耦合关系**

## 5.2.2　黄河流域生态安全耦合协调性分析

根据表 5.1 和图 5.1 可知，2010 ~ 2019 年黄河流域生态安全水平耦合协调性整体呈现逐步上升趋势，耦合协调指数从 2010 年的 0.557 增长至 2019 年的 0.707，增长了 26.9%，流域整体生态安全耦合协调性经历了勉强协调到初步协调，2019 年过渡到中级协调。整体来看，2010 ~ 2014 年黄河流域不同区域生态安全耦合协调性差异性明显，中游区域生态安全耦合协调水平占明显领先优势，下游区域生态安全耦合协调指数有明显上升趋势，上游区域生态安全耦合协调指数变化趋势较稳定。究其原因，沿黄河流域各省份生态安全耦合协调性不平衡不充分，主要在于社会经济发展与生态环境保护之间的矛盾突出。2015 ~ 2019 年，黄河流域上游、中游、下游区域生态安全耦合协调指数逐步呈稳定齐驱趋势，这也表明，流域整体生态安全耦合协调能力逐步上升，生态安全状况持续向好，同时也为推进黄河流域系统协同发展迈向了新台阶。

对上游地区来说，2010～2019 年上游 4 个省份生态安全耦合协调能力总体增强，协调指数总体上升。2010～2019 年，青海、四川、甘肃、宁夏生态安全水平耦合协调指数由 0.562、0.621、0.510、0.531 增长至 0.691、0.748、0.684、0.714，系统安全水平耦合协调指数分别增长了 22%、20.5%、34.1%、34.5%，表明黄河上游 4 个省份生态安全各系统耦合协调性逐步上升，生态系统向有序方向发展，其中，四川省和宁夏回族自治区生态安全耦合协调指数较高，生态安全系统耦合协调发展能力强，这与其生态本底和自然资源优势有关。

对流域中游地区来说，2010～2019 年中游各省份生态安全耦合协调水平也在不断提升，协调指数呈逐年增长态势。2010～2019 年，内蒙古生态安全协调水平从 0.595 增长至 0.712，陕西生态安全协调水平从 0.501 增长至 0.734，山西生态安全协调指数由 0.640 增长至 0.677，中游三省份生态安全系统耦合协调指数分别增长了 19.7%，46.5%，5.8%，中游区域生态安全耦合协调性从勉强协调阶段上升至中级协调。陕西省生态安全耦合协调指数增长幅度最高，生态安全水平呈明显提升态势，这与其近年来大力发展循环经济和加大环境污染治理投资资金与技术有深刻的关系。山西省生态安全耦合协调指数增长趋势最为缓慢，生态环境改善趋势也较缓慢，这也与其长期靠煤炭资源拉动经济增长的发展模式有关。

对流域下游地区来说，2010～2019 年河南和山东两省份的生态安全系统耦合协调能力不断提升，协调指数上升势头比较明显。2010～2019 年河南省生态安全协调指数由 0.517 增长 0.698，增长了 35%；山东省生态安全协调指数由 2010 年的 0.533 增长至 2019 年的 0.702，增长了 31.7%。总体来看，尽管下游区域生态安全耦合协调性 2019 年只达到初级协调水平，但其生态系统耦合协调能力持续向上（见图 5.2）。

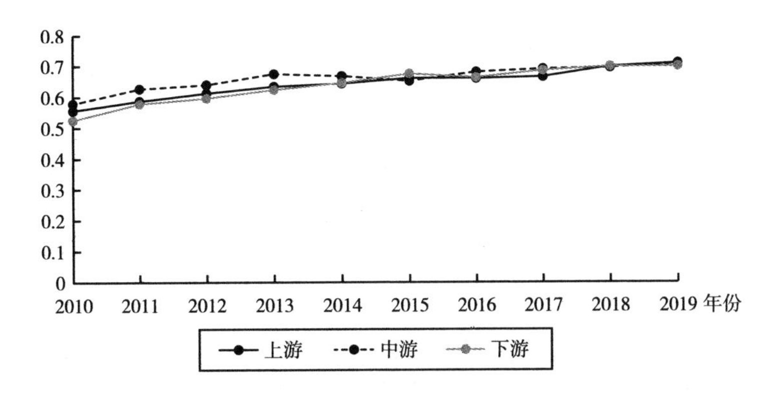


**图 5.2　2010~2019 年黄河流域生态安全耦合协调度**

## 5.3　黄河流域生态安全子系统间耦合协调时空分异研究

由于“驱动力—压力—状态—影响—响应”系统生态安全耦合协调性是基于 2010~2019 年黄河流域各省份整体协调程度，而不能有效反映子系统间动态耦合关系。因此，本书利用耦合协调度模型计算得到黄河流域九个省份 2010 年、2013 年、2016 年、2019 年“驱动力—压力”“压力—状态”“状态—影响”“影响—响应”“响应—驱动力”“响应—压力”响应—状态子系统耦合协调度（见表 5.2）。

**表 5.2　2010~2019 年黄河流域九省份“两两”子系统生态安全耦合协调度**

| 年份 | 省份 | 驱动力—压力 | 压力—状态 | 状态—影响 | 影响—响应 | 响应—驱动力 | 响应—压力 | 响应—状态 |
|---|---|---|---|---|---|---|---|---|
| 2010 | 青海 | 0.555 | 0.658 | 0.605 | 0.565 | 0.522 | 0.611 | 0.612 |
| | 四川 | 0.632 | 0.653 | 0.605 | 0.565 | 0.593 | 0.607 | 0.612 |
| | 甘肃 | 0.458 | 0.571 | 0.554 | 0.558 | 0.423 | 0.576 | 0.512 |
| | 宁夏 | 0.591 | 0.607 | 0.580 | 0.588 | 0.566 | 0.616 | 0.580 |
| | 内蒙古 | 0.603 | 0.586 | 0.565 | 0.610 | 0.611 | 0.634 | 0.293 |

续表

| 年份 | 省份 | 驱动力—压力 | 压力—状态 | 状态—影响 | 影响—响应 | 响应—驱动力 | 响应—压力 | 响应—状态 |
|---|---|---|---|---|---|---|---|---|
| 2010 | 陕西 | 0.523 | 0.520 | 0.580 | 0.538 | 0.525 | 0.686 | 0.623 |
| | 山西 | 0.648 | 0.594 | 0.592 | 0.663 | 0.640 | 0.666 | 0.588 |
| | 河南 | 0.578 | 0.549 | 0.552 | 0.608 | 0.594 | 0.606 | 0.564 |
| | 山东 | 0.589 | 0.597 | 0.649 | 0.644 | 0.679 | 0.592 | 0.563 |
| 2013 | 青海 | 0.682 | 0.773 | 0.697 | 0.641 | 0.622 | 0.702 | 0.692 |
| | 四川 | 0.786 | 0.769 | 0.749 | 0.759 | 0.770 | 0.780 | 0.755 |
| | 甘肃 | 0.568 | 0.668 | 0.599 | 0.606 | 0.523 | 0.677 | 0.597 |
| | 宁夏 | 0.623 | 0.672 | 0.619 | 0.694 | 0.724 | 0.764 | 0.673 |
| | 内蒙古 | 0.695 | 0.704 | 0.668 | 0.674 | 0.693 | 0.711 | 0.701 |
| | 陕西 | 0.746 | 0.734 | 0.680 | 0.708 | 0.729 | 0.767 | 0.718 |
| | 山西 | 0.718 | 0.730 | 0.656 | 0.661 | 0.684 | 0.737 | 0.695 |
| | 河南 | 0.672 | 0.628 | 0.616 | 0.670 | 0.693 | 0.684 | 0.645 |
| | 山东 | 0.675 | 0.621 | 0.647 | 0.626 | 0.734 | 0.702 | 0.747 |
| 2016 | 青海 | 0.837 | 0.837 | 0.799 | 0.757 | 0.783 | 0.810 | 0.783 |
| | 四川 | 0.776 | 0.830 | 0.816 | 0.810 | 0.790 | 0.824 | 0.845 |
| | 甘肃 | 0.665 | 0.803 | 0.750 | 0.745 | 0.630 | 0.797 | 0.739 |
| | 宁夏 | 0.779 | 0.812 | 0.744 | 0.765 | 0.765 | 0.839 | 0.797 |
| | 内蒙古 | 0.843 | 0.782 | 0.790 | 0.877 | 0.846 | 0.777 | 0.801 |
| | 陕西 | 0.811 | 0.817 | 0.781 | 0.833 | 0.805 | 0.875 | 0.811 |
| | 山西 | 0.819 | 0.715 | 0.721 | 0.765 | 0.813 | 0.878 | 0.809 |
| | 河南 | 0.779 | 0.767 | 0.742 | 0.807 | 0.788 | 0.837 | 0.775 |
| | 山东 | 0.808 | 0.797 | 0.839 | 0.818 | 0.847 | 0.779 | 0.834 |
| 2019 | 青海 | 0.811 | 0.796 | 0.746 | 0.694 | 0.729 | 0.733 | 0.718 |
| | 四川 | 0.863 | 0.888 | 0.752 | 0.769 | 0.868 | 0.808 | 0.793 |
| | 甘肃 | 0.703 | 0.736 | 0.678 | 0.733 | 0.680 | 0.808 | 0.710 |
| | 宁夏 | 0.846 | 0.768 | 0.721 | 0.760 | 0.853 | 0.815 | 0.773 |
| | 内蒙古 | 0.891 | 0.780 | 0.781 | 0.837 | 0.826 | 0.836 | 0.805 |
| | 陕西 | 0.882 | 0.769 | 0.776 | 0.825 | 0.873 | 0.817 | 0.763 |
| | 山西 | 0.850 | 0.739 | 0.711 | 0.801 | 0.860 | 0.841 | 0.744 |
| | 河南 | 0.889 | 0.777 | 0.756 | 0.802 | 0.863 | 0.826 | 0.759 |
| | 山东 | 0.879 | 0.759 | 0.797 | 0.791 | 0.898 | 0.754 | 0.772 |

### 5.3.1　黄河流域子系统生态安全耦合协调度时序变化分析

根据表 5.2 和图 5.2 可知，2010 ~2019 年黄河流域“两两”子系统间内部整体耦合协调指数范围在［0.573,0.846］，反映“驱动力—压力”“压力—状态”“状态—影响”“影响—响应”“响应—驱动力”“响应—压力”“响应—状态”系统经历了勉强协调、初级协调、中级协调、良好协调四个阶段，个别省份子系统耦合协调性出现了濒临失调阶段。从黄河流域整体子系统的耦合协调度时间变化趋势来看，子系统耦合协调性差异显著，这与黄河流域不同区域不同省份生态资源禀赋及生态建设力度不同有关。

“驱动力—压力”子系统间 2010 年、2013 年、2016 年、2019 年耦合协调度分别为 0.575、0.685、0.791、0.846，经历了由勉强协调到良好协调阶段的过渡，耦合协调性呈明显的逐年提升趋势，也表明社会经济驱动与自然环境压力之间的矛盾逐渐向健康有序方向发展。“压力—状态”子系统间 2010 年、2013 年、2016 年、2019 年耦合协调度分别为 0.593、0.700、0.796、0.779，经历了由勉强协调到中级协调阶段的过渡，压力与状态子系统在 2010 ~2013 年提升趋势显著，2014 ~2019 年呈波动上升态势，但整体耦合协调性仍得到提升，这表明自然环境及社会压力与生态建设和资源不充分之间的矛盾在 2013 年得到明显改善，2014 年已达到中级协调状态，但后期提升速率逐渐减缓。“状态—影响”子系统与“影响—响应”子系统间耦合协调性均经历了由勉强协调到中级协调阶段的过渡，可见，生态建设和资源状态与社会收入支出间的关系一直处于稳定状态，生态环境影响直接关系社会经济与生态恢复的响应，且影响与响应两者长期处于正向促进的良好发展趋势。“响应—驱动力”子系统 2010 年、2013 年、2016 年、2019 年耦合协调度分别为 0.573、0.686、0.785、0.828，经历了由勉强协调到良好协调阶段的发展态势，可以看出黄河流域响应子系统与驱动力子系统间的耦合协调度不断提升，经济发展促进生态建设和加大环保力度的良好态势持续推进。“响应—压力”子系统间 2010 年、2013 年、2016 年、2019 年耦合协调度分别为0.622、0.725、0.824、0.804，经历了由初级协调到良好协调阶段，2010年耦合协调度高于其他子系统耦合协调性，可见，研究初期加大治理力度改善社会发展与环境污染造成的生态压力已经是各地区主要发展方向。“响应—状态”子系统2010年、2013年、2016年、2019年耦合协调度分别为0.583、0.691、0.799、0.769，经历了由勉强协调到中级协调阶段的过渡，且耦合协调提升趋势平稳，社会经济投入和环境治理力度直接关系生态环境和资源状态，两者的平衡协调是生态安全的重要衡量尺度。

总体来看，2010~2019年黄河流域“两两”子系统间耦合协调性均向有序协调方向发展，但差异性明显，“压力—状态”“状态—影响”“影响—响应”“响应—压力”“响应—状态”子系统在2010~2016年耦合协调性均逐年向好的方向推进，在2016~2019出现较小的波动趋势，但整体仍朝良好方向发展。“驱动力—压力”与“响应—驱动力”子系统的耦合协调性呈显著逐年提升态势，这也成为黄河流域生态安全持续向好的关键因素，同时也表明其在流域生态安全表现中占主导型作用（见图5.3）。

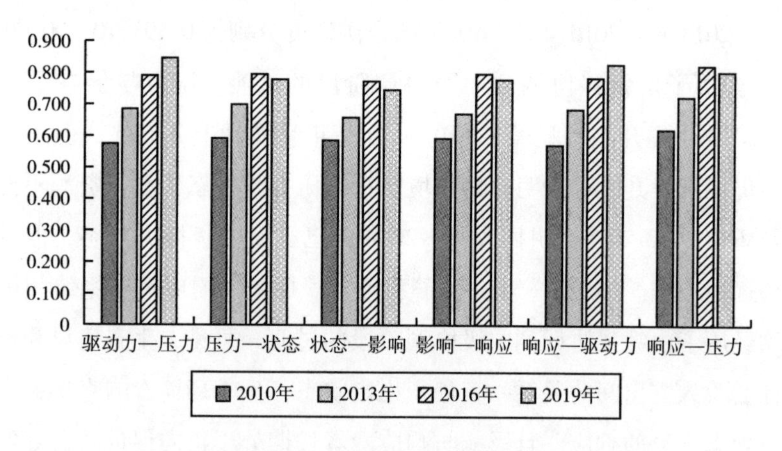


图5.3　黄河流域子系统耦合协调性时序演化分析

## 5.3.2　黄河流域生态安全子系统耦合协调性空间分异特征

从空间维度来看，黄河流域不同省份间“驱动力—压力”“压力—状态”

"状态—影响""影响—响应""响应—驱动力""响应—压力""响应—状态"系统间耦合协调性差异较大。

从"驱动力—压力"子系统间耦合协调性时空分布来看，耦合协调指数由高到低依次为四川（0.764）、山西（0.759）、内蒙古（0.758）、陕西（0.741）、山东（0.738）、河南（0.730）、青海（0.721）、宁夏（0.710）、甘肃（0.599）。九省份"驱动力—压力"耦合协调度平均水平为0.724，青海、甘肃、宁夏三省份耦合协调度水平低于平均水平。上游地区地处生态环境脆弱、经济发展落后的西北地区，驱动力系统与压力子系统间耦合协调发展水平较低，但上游地区甘肃省、青海省子系统耦合协调水平有显著提升趋势，耦合协调度分别提高了53.5%、46.1%，表明黄河流域上游地区各省"驱动力—压力"子系统总体在向有序方向不断进步；下游地区山东省和河南省在2010～2019年"驱动力—压力"子系统耦合协调度分别提升了53.8%、49.2%，这表明，即使在研究初期下游地区存在以牺牲自然环境而发展经济的现象，但近年来通过逐渐改善形成利用经济优势加大节能减排，推动绿色发展模式。

从"压力—状态"子系统间耦合协调性时空分布来看，四川省两系统间耦合协调能力较强，甘肃省两子系统间协调能力较弱，各省份耦合协调水平分别为四川（0.785）、青海（0.766）、宁夏（0.735）、内蒙古（0.728）、陕西（0.710）、山西（0.704）、山东（0.694）、河南（0.680）、甘肃（0.645）。九省份"压力—状态"耦合协调度平均水平为0.716，其中，中游、下游区域耦合协调水平低于平均水平，可见黄河流域各省份压力子系统与状态子系统协调能力空间差异显著且较分散，中游、下游地区自然环境与社会压力指数大，人均公园绿地、森林覆盖率、人均水资源量等状态指数偏低，压力与状态子系统协调性较弱。

从"状态—影响"子系统间耦合协调性时空分布来看，山东省和四川省两子系统间耦合协调水平领先其余各省，耦合协调指数分别为：山东（0.733）、四川（0.731）、青海（0.707）、陕西（0.699）、内蒙古（0.686）、山西（0.674）、河南（0.669）、宁夏（0.660）、甘肃（0.645）。九省份"状态—影响”耦合协调度平均水平为0.689，上游、中游、下游差异显著，内蒙古、山西、河南、宁夏、甘肃五省份水平低于平均水平，其主要原因是资源与经济的短板导致状态子系统与影响子系统耦合协调能力较低，但其中河南省“状态—影响”子系统耦合协调指数增长幅度最大，提升趋势明显，这表明，近年来河南省完善生态政策机制，统筹协调生态环境与经济发展工作取得可观成绩。

从“响应—驱动力”子系统间耦合协调性时空分布来看，耦合协调指数由高到低依次为山东（0.790）、四川（0.755）、山西（0.749）、内蒙古（0.744）、河南（0.735）、陕西（0.733）、宁夏（0.727）、青海（0.644）、甘肃（0.564）。九省份“响应—驱动力”子系统耦合协调平均水平为0.718，只有上游地区宁夏和青海两省份水平低于平均水平，且上游区域的甘肃省生态投资与经济驱动间的耦合协调水平与其他各省份差距明显，从两子系统的耦合协调变化趋势来看，甘肃省“响应—驱动力”子系统间耦合协调指数增长60.7%，提升幅度最大，增长趋势最显著，可明显看到，甘肃省政府近年在生态环境治理和保护方面强有力的投入及大力推进环境整治的工作成效。

从“响应—压力”子系统间耦合协调性时空分布来看，黄河流域九省份的“响应—压力”子系统耦合协调指数均达到较高水平，处于中级协调水平，耦合协调指数由高到低依次为：陕西（0.786）、山西（0.781）、宁夏（0.759）、四川（0.755）、内蒙古（0.740）、河南（0.738）、甘肃（0.715）、青海（0.714）、山东（0.707）。九省份“响应—压力”子系统耦合协调平均水平为0.744，黄河流域下游区域环境压力与生态响应两系统间矛盾依旧是制约下游地区生态安全的关键障碍，但其两者协同发展水平逐年不断提高，生态系统向健康有序方向推进。从“响应—状态”子系统间耦合协调性时空分布来看，耦合协调指数由高到低依次为：四川（0.751）、陕西（0.729）、山东（0.729）、内蒙古（0.725）、山西（0.709）、宁夏（0.706）、青海（0.701）、河南（0.686）、甘肃（0.640）。九省份“响应—状态”子系统耦合协调平均水平为0.708，宁夏、青海、河南、甘肃四省份“响应—状态”子系统耦合协调水平低于平均水平，其中，河南省和甘肃省两系统协调能力较弱，甘肃省受限于经济水平落后与生态本底脆弱的原因，河南省受限于人均资源短缺、生态环境承载压力大等原因。

总体来看，黄河流域各省区生态安全水平差异性的根本原因不同，上游四川省“驱动力—压力—状态—影响—响应”子系统整体协调能力强，生态安全水平处于较高水平，生态系统持续向有序方向发展；上游青海、甘肃、宁夏及中游内蒙古主要受“驱动力—压力”“响应—驱动力”耦合协调性较低制约，其主要受限于社会经济水平落后与生态本底脆弱的影响；中游地区陕西与山西省子系统整体耦合协调指数较高且变化稳定，整体系统处于协调发展状态；下游地区河南与山东两省主要受“驱动力—压力”“压力—状态”耦合协调性较低制约，其主要受限于人口众多，资源短缺，生态环境承载压力大，尤其人均水资源量远不及全国平均水平。

| 第6章 |

# 黄河流域生态安全预测研究

预测是指用科学的方法预计、推断事物发展的必然性或可能性的行为，即根据过去和现在预计未来，由已知推断未知的过程。科学的预测是实现精准全面决策的重要前提。如果缺乏科学的预见，就会导致决策片面性和决策失误，从而遭受损失甚至导致严重后果。生态安全水平预测是指根据过去时期的生态安全状况，利用人们已有的知识和经验，对区域生态安全未来发展趋势的可能性进行推测。黄河流域生态安全预测的目的是制订一个切实有效的发展计划提供科学全面的信息，有效地指导流域沿线各省份生态环境建设，便于及时采取对策使生态保护和高质量发展向好的方向迈进。

为使预测结果更加具有科学性和全面性，本书选取灰色系统预测法对黄河流域生态安全进行预测分析，希望对流域生态安全发展状况提供具体有效的参考借鉴。

## 6.1 灰色预测 GM(1,1) 模型构建

由于黄河流域生态系统的部分信息已知，部分信息未知，是典型的灰色系统，因此，对研究区域生态系统进行预测能够采用灰色预测法。灰色系统理论是由邓聚龙教授（1982）提出的，灰色预测法是一种基于灰色系统理论的预测方法，又是在灰色系统理论中应用最广泛、最核心的一种动态预测模

型，用来有效解决信息不完备的问题。由于灰色数列预测中最常用的是GM(1,1）模型，可以根据少量的信息对所研究问题进行建模与预测，其基本思想是用累加的方法实现时间序列数据由非线性化为线性，从而弱化序列随机性，增强其规律性。另外，二阶以及二阶以上的模型均为GM(1,1）模型的扩展形式，在实际应用中适应性较差，因而本书使用GM(1,1）模型进行黄河流域沿线省份生态安全预测。

### 6.1.1　GM(1,1）模型建立

灰色预测的建模过程具体而言可分为三个部分：首先将原本无规律的数据进行累加生成，得到规律性较强的生成数列；其次将生成数列建模，得到预测生成的将来值；最后将预测结果进行逆生成处理，也就是累减还原，得到真实值。

GM(1,1）模型具体建模有以下步骤。

（1）设原始序列为：

$$X^{(0)} = (x^{(0)}(1), x^{(0)}(2), \cdots, x^{(0)}(n)) \tag{6.1}$$

对其进行一次累加生成新序列：

$$X^{(1)} = (x^{(1)}(1), x^{(1)}(2), \cdots, x^{(1)}(n)) \tag{6.2}$$

其中：

$$x^{(1)}(k) = \sum_{k=1}^{n} x^{(0)}(k), k = 1, 2, \cdots, n \tag{6.3}$$

经过累加的原始数列，弱化了原始数据中坏数据的影响，并且新数列拥有指数增长的规律。

（2）建立一阶线性微分方程：

$$\frac{dX^1}{dk} + \alpha X^{(1)} = \mu \tag{6.4}$$

记参数列 A 为：

$$A=(\alpha,\mu)^{T} \tag{6.5}$$

其中，α 为数列发展系数，用来控制系统发展态势；μ 为内生控制灰数，用来反映资料的变化关系。两者均可通过最小二乘估计得到，建立矩阵 B 和 $Y_n$：

$$B=\begin{bmatrix} -\frac{1}{2}(X^{(1)}(1)+X^{(1)}(2)) & 1 \\ -\frac{1}{2}X^{(1)}(2)+X^{(1)}(3)) & 1 \\ \vdots & \vdots \\ -\frac{1}{2}(X^{(1)}(n-1)+X^{(1)}(n)) & 1 \end{bmatrix} \tag{6.6}$$

$$Y_n=\begin{bmatrix} x^{(0)}(2) \\ x^{(0)}(3) \\ \vdots \\ x^{(0)}(n) \end{bmatrix} \tag{6.7}$$

解得：$\begin{bmatrix} \hat{\alpha} \\ \hat{\mu} \end{bmatrix}=(B^{T}B)^{-1}B^{T}Y_n$，将求得的 $\hat{\alpha}$ 和 $\hat{\mu}$ 代入微分方程（24）：

$$\frac{dX^{(1)}}{dk}+\hat{\alpha}X^{(1)}=\hat{\mu} \tag{6.8}$$

解得灰色预测模型为：

$$X^{(1)}(k+1)=\left(X^{(0)}(1)-\frac{\hat{\mu}}{\hat{\alpha}}\right)e^{-\alpha k}+\frac{\hat{\mu}}{\hat{\alpha}},k=1,2,\cdots,n \tag{6.9}$$

### 6.1.2 GM(1,1) 模型精度检验

一个预测模型，判断其是否可以有效地用于生态安全预测，最基本的条

件是该模型精度检验合格，唯有通过了检验的模型才能用于预测。目前，针对 GM(1,1) 模型，采用的检验方式主要有残差检验与后验差检验。

#### 6.1.2.1　残差检验

对于原始数列 X(0)，其相应的模型模拟数列为 X(1)，残差数列为：

$$\begin{aligned}\varepsilon^{(0)} &= (\varepsilon(1), \varepsilon(2), \cdots, \varepsilon(n)) \\ &= x^{(0)} - x^{(1)} \\ &= (x^{(0)}(1) - x^{(1)}(1), x^{(0)}(2) - x^{(1)}(2), \cdots, x^{(0)}(n) - x^{(1)}(n))\end{aligned} \tag{6.10}$$

相对残差数列为：

$$\begin{aligned}\varepsilon(i) &= \frac{[x^{(0)} - x^{(1)}]}{x^{(0)}} \times 100\% \\ &= \frac{[x^{(0)}(2) - x^{(1)}(2)]}{x^{(0)}(2)} \times 100\%, \frac{[x^{(0)}(3) - x^{(1)}(3)]}{x^{(0)}(3)} \times 100\%, \cdots, \\ &\quad \frac{[x^{(0)}(n) - x^{(1)}(n)]}{x^{(0)}(n)} \times 100\%\end{aligned} \tag{6.11}$$

平均相对残差为：

$$\bar{\varepsilon} = \frac{1}{n}\sum_{k=1}^{n} \varepsilon_k \tag{6.12}$$

#### 6.1.2.2　后验差检验

后验差检验是针对残差概率分布进行的检验，属于统计检验。设定初始数列 $x^{(0)}$、残差数列 $\varepsilon^{(0)}$ 的方差分别为 $S_1^2$、$S_2^2$，因而有：

$$S_1^2 = \frac{1}{n}\sum_{k=2}^{n} (X(k) - \bar{X}(k))^2 \tag{6.13}$$

$$S_2^2 = \frac{1}{n}\sum_{k=2}^{n} (\varepsilon(k) - \bar{\varepsilon})^2 \tag{6.14}$$

后验差比值 C 为：

$$C = S_2/S_1 \tag{6.15}$$

小误差概率 P 为：

$$P = \{\varepsilon(k) - \bar{\varepsilon} < 0.6745S_1\} \tag{6.16}$$

模型的精度则是通过 C 值和 P 值共同决定，如表 6.1 所示。

表 6.1　　精度检验等级参照

| 模型精度等级 | 好 | 合格 | 勉强合格 | 不合格 |
| --- | --- | --- | --- | --- |
| 小误差概率 P | P≥0.95 | 0.8≤P<0.95 | 0.7≤P<0.8 | P<0.7 |
| 均方差比 C | C≤0.35 | 0.35<C≤0.5 | 0.5<C≤0.65 | C>0.65 |

## 6.2　基于灰色分析的黄河流域生态安全预测分析

### 6.2.1　黄河流域 GM(1,1) 模型精度检验

GM(1,1) 模型预测时，需要计算发展系数 a、灰色作用量 b，以及计算后验差比 C 值和小误差概率 P 值；

第一，发展系数 a、灰色作用量 b 为模型构建输出值。

第二，后验差比 C 值用于模型精度等级检验，该值越小越好，一般 C 值小于 0.35 则模型精度等级好，C 值小于 0.5 说明模型精度合格，C 值小于 0.65 说明模型精度基本合格，如果 C 值大于 0.65，则说明模型精度等级不合格。

第三，小误差概率 P 值一般小于 0.7 则说明模型不合格，小于 0.8 则说明模型勉强合格，小于 0.95 则说明模型合格，大于 0.95 则说明模型精度很好（见表 6.2）。

**表 6.2　　　　　　　　黄河流域各省份 GM(1,1) 模型构建结果**

| 省份 | 发展系数 a | 灰色作用量 b | 后验差比 C 值 | 小误差概率 P 值 |
|---|---|---|---|---|
| 青海 | -0.0323 | 1.2138 | 0.0330 | 1.000 |
| 四川 | -0.0319 | 1.2507 | 0.0268 | 1.000 |
| 甘肃 | -0.0363 | 1.1433 | 0.0519 | 1.000 |
| 宁夏 | -0.0404 | 1.1461 | 0.0386 | 1.000 |
| 内蒙古 | -0.0349 | 1.2087 | 0.0450 | 1.000 |
| 陕西 | -0.0356 | 1.2139 | 0.0500 | 1.000 |
| 山西 | -0.0732 | 0.2862 | 0.0253 | 1.000 |
| 河南 | -0.0362 | 1.1762 | 0.0328 | 1.000 |
| 山东 | -0.0368 | 1.1872 | 0.0412 | 1.000 |
| 流域整体 | -0.0342 | 1.2003 | 0.0322 | 1.000 |

将黄河流域沿线各省份时间序列的生态安全值用 GM(1,1) 模型进行预测，并进行一次残差分析，得到各省份生态安全值的时间动态模型如下。

青海：$$x^{(1)}(k+1)=37.8759e^{0.0323k}-37.5789 \tag{6.17}$$

四川：$$x^{(1)}(k+1)=39.5599e^{0.0319k}-39.2069 \tag{6.18}$$

甘肃：$$x^{(1)}(k+1)=31.7219e^{0.0363k}-31.4959 \tag{6.19}$$

宁夏：$$x^{(1)}(k+1)=28.6418e^{0.0404k}-28.3688 \tag{6.20}$$

内蒙古：$$x^{(1)}(k+1)=34.9442e^{0.0349k}-34.6332 \tag{6.21}$$

陕西：$$x^{(1)}(k+1)=34.3133e^{0.0356k}-34.0983 \tag{6.22}$$

山西：$$x^{(1)}(k+1)=4.2888e^{0.0732k}-3.9098 \tag{6.23}$$

河南：$$x^{(1)}(k+1)=32.7587e^{0.0362k}-32.4917 \tag{6.24}$$

山东：$$x^{(1)}(k+1)=32.5369e^{0.0368k}-32.2609 \tag{6.25}$$

流域整体：$$x^{(1)}(k+1)=35.3850e^{0.0342k}-35.0965 \tag{6.26}$$

对于黄河流域沿线各省份 GM(1,1) 模型检验有 $-a<0.3$，说明该模型适合中长期预测，后验差比 C 值 $<0.35$，意味着模型精度等级非常好。另外，小误差概率 P 值为 1.000，意味着模型精度很好。

### 6.2.2　黄河流域 GM(1,1) 模型拟合效果检验

GM(1,1) 模型检验表主要针对残差进行检验，包括相对误差、级比偏差。

第一，相对误差值越小越好，该值小于 0.2 说明达到要求，小于 0.1 说明达到较高要求。

第二，级比偏差值越小越好，该值小于 0.2 说明达到要求，小于 0.1 说明达到较高要求。

从表 6.3 可知，模型构建后可对相对误差和级比偏差值进行分析，验证模型效果情况。黄河流域沿线各省份生态安全 GM(1,1) 模型相对误差值最大值均小于 0.2，意味着模型拟合效果达到要求。针对级比偏差值，黄河流域沿线各省份生态安全 GM(1,1) 模型相对误差值最大值均小于 0.2，意味着模型拟合效果达到要求。

**表 6.3　　黄河流域各省份 GM(1,1) 模型检验结果**

| 项目 | 青海 | 四川 | 甘肃 | 宁夏 | 内蒙古 | 陕西 | 山西 | 河南 | 山东 | 流域整体 |
|---|---|---|---|---|---|---|---|---|---|---|
| 相对误差最大值 | 0.130 | 0.070 | 0.192 | 0.162 | 0.119 | 0.158 | 0.052 | 0.126 | 0.192 | 0.132 |
| 级比偏差最大值 | 0.144 | 0.159 | 0.180 | 0.173 | 0.172 | 0.193 | 0.065 | 0.190 | 0.181 | 0.165 |

### 6.2.3　黄河流域生态安全预测结果分析

以黄河流域 2010～2019 年生态安全值为基础数据，运用灰色系统理论建立黄河流域各省份生态安全态势的 GM(1,1) 预测模型，并对该模型分别进行平均残差检验、后验差检验以及小误差概率检验，结果表明，所建模型合格，可用于各省份生态安全演化预测。经计算得出 2020 年起至未来 5 年的生态安全值，结果如表 6.4 和图 6.1 所示。

**表 6.4　　黄河流域各省份生态安全预测值**

| 省份 | 2020 年 | 2021 年 | 2022 年 | 2023 年 | 2024 年 |
|---|---|---|---|---|---|
| 青海 | 0. 707 | 0. 763 | 0. 821 | 0. 881 | 0. 943 |
| 四川 | 0. 752 | 0. 809 | 0. 868 | 0. 928 | 0. 991 |
| 甘肃 | 0. 677 | 0. 739 | 0. 804 | 0. 870 | 0. 940 |
| 宁夏 | 0. 758 | 0. 830 | 0. 906 | 0. 984 | 0. 996 |
| 内蒙古 | 0. 748 | 0. 810 | 0. 875 | 0. 941 | 0. 977 |
| 陕西 | 0. 763 | 0. 826 | 0. 892 | 0. 961 | 0. 972 |
| 山西 | 0. 629 | 0. 677 | 0. 728 | 0. 784 | 0. 843 |
| 河南 | 0. 723 | 0. 787 | 0. 853 | 0. 921 | 0. 992 |
| 山东 | 0. 750 | 0. 815 | 0. 883 | 0. 954 | 0. 984 |
| 流域整体 | 0. 723 | 0. 782 | 0. 845 | 0. 909 | 0. 975 |

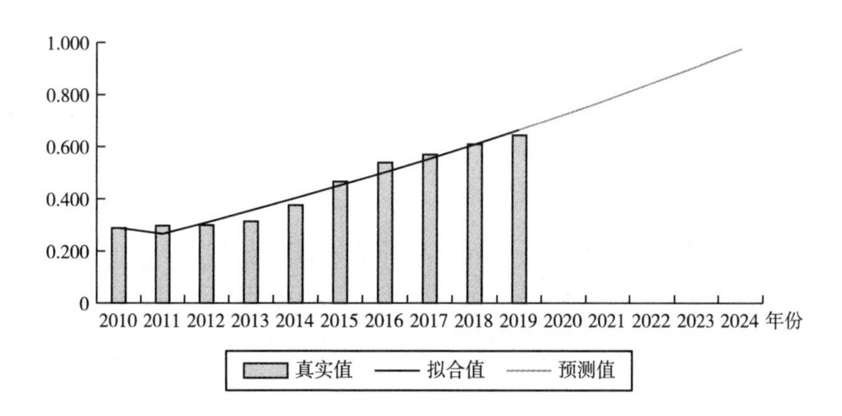


**图 6.1　黄河流域整体生态安全预测趋势**

通过 GM(1,1) 模型预测可知，2020 ~2024 年黄河流域生态水平在时间序列上呈稳步提升趋势，生态安全预测值由 2020 年的 0. 723 增长至 2014 年的 0. 975，生态安全等级由良好阶段过渡到安全状态，表明黄河流域整体生态安全朝着健康可持续方向发展。黄河流域上游、中游、下游各省份生态安全指数变化趋势与黄河流域整体趋势保持一致。2020 年，黄河流域沿线 9 个省份生态安全预测指数范围在［0. 629，0. 758］，其中，山西省最低，宁夏回族自治区最高，四川、宁夏、陕西、山东 4 个省份在 2020 年生态安全等级已达到安全状态，其余 5 个省份生态安全水平均处于良好状态，且黄河沿线省份间 2020 年生态安全水平差异性仍较明显。2024 年，黄河流域沿线省份生态安全预测指数范围在［0.843，0.992］，其中，山西省最低，河南省最高，各省份生态安全等级均已达到安全状态，省份间生态安全水平差异性明显减小。

由图 6.2 ~ 图 6.4 可知，上游地区来看，黄河流域上游省份 2020 ~ 2024 年生态安全值呈逐年上升态势，青海、四川、甘肃、宁夏 4 个省份 2020 ~ 2024 年生态安全预测值由 0.707、0.752、0.677、0.758 增长至 0.943、0.991、0.940、0.996，分别增长了 33.38%、31.78%、38.85%、31.40%。青海省和甘肃省生态安全等级由良好阶段过渡到安全状态，四川省和宁夏回族自治区的生态安全水平一直处于安全状态，其中，甘肃省生态安全水平提升幅度最大，

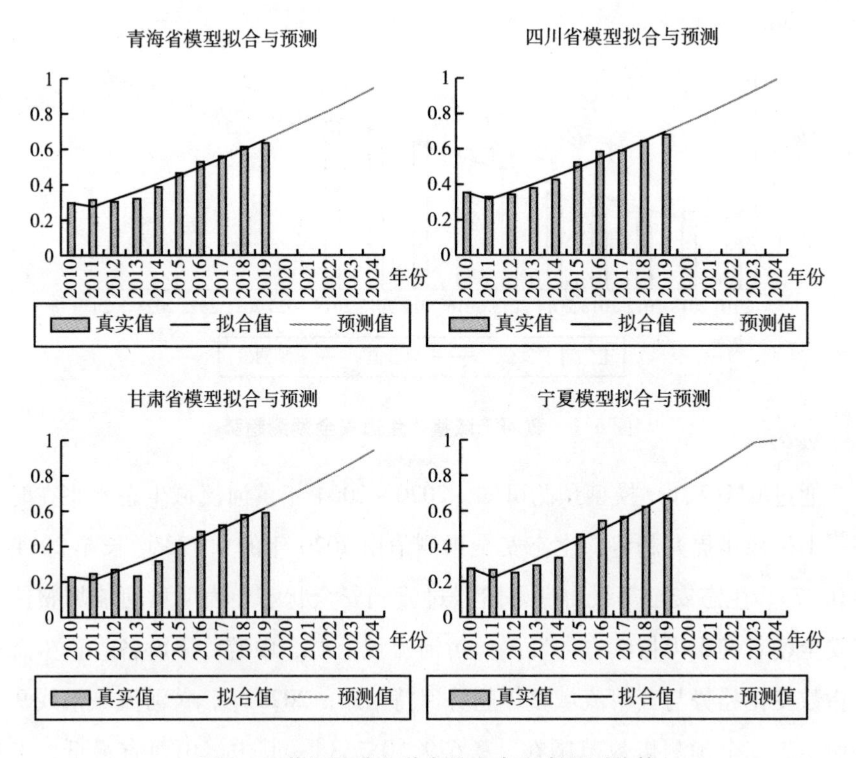


**图 6.2　黄河流域上游省份生态安全预测趋势**

但其生态安全值在预测期间仍是上游区域最低水平。从中游地区来看，黄河流域中游各省份生态安全水平在 2020 ~ 2024 年呈不断上升趋势，山西、内蒙古、陕西 3 个省份生态安全预测值由 2020 年 0.629、0.748、0.763 增长至 2024 年 0.843、0.977、0.972，分别增长了 34.02%、30.61%、27.39%，其中，山西省生态安全水平最低，但其生态安全水平增幅最大，山西省和内蒙古自治区生态安全等级由良好阶段提升至安全状态，陕西省生态安全等级在预测期间一直处于安全状态，生态安全水平较高，但提升幅度最小。从下游区域来看，黄河流域下游省份生态安全水平在 2020 ~ 2024 年呈集中提升趋势，河南、山东两省份生态安全预测值由 2020 年的 0.723、0.750 增长至 2024 年的 0.992、0.984，分别增长了 37.21%、31.20%，生态安全等级均由良好阶段过渡到安全状态，生态安全水平较高，表明未来几年黄河流域下游区域生态安全水平处于领先状态。

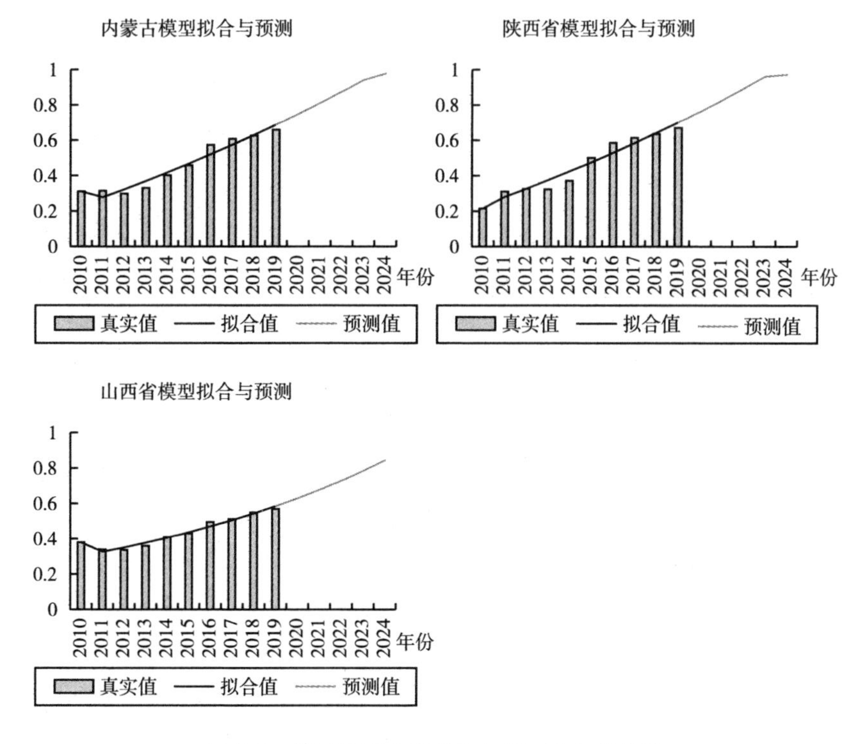


**图 6.3　黄河流域中游省份生态安全预测趋势**

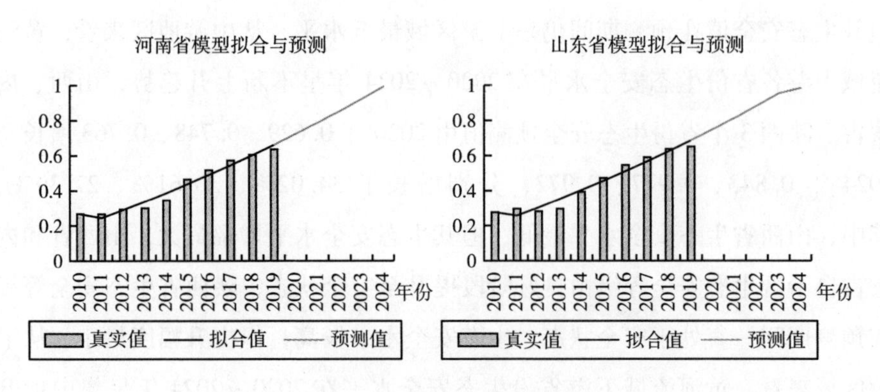


**图 6.4　黄河流域下游省份生态安全预测趋势**

# 第7章

# 黄河流域生态安全障碍因素诊断分析

障碍度函数是目前研究学者常用来诊断影响事物发展障碍因素的一种数学模型。为了研究黄河流域各省份生态安全水平提升的障碍因素，在黄河流域生态安全水平评价结果基础之上，引入障碍度函数模型，定量诊断影响黄河流域各区域生态安全提升的主要障碍因素。有针对性地从技术、经济、政策等方面提出提升流域生态安全水平的应对举措。

## 7.1 障碍度模型构建

障碍度模型通过 i 指标的因子贡献度（$U_j$）和 j 年 i 指标的指标偏离度（$J_{ij}$）来计算 j 年 i 指标的障碍度（$M_{ij}$），并进行排序来确定障碍因子的主次关系。障碍度计算公式如下：

$$U_i = \omega_i \times \omega_r \tag{7.1}$$

$$J_{ij} = 1 - r_{ij} \tag{7.2}$$

$$M_{ij} = \frac{U_i J_{ij}}{\sum_i U_i J_{ij}} \tag{7.3}$$

其中，$\omega_r$ 为 i 指标所属系统层 r 的权重，由其各项指标的权重加和得到。

## 7.2 黄河流域整体生态安全障碍因子诊断分析

基于障碍诊断模型，分别从标准层和指标层计算黄河沿线九省份的障碍度，并选取2010年、2013年、2016年和2019年障碍度前五的指标作为九省份的生态安全主要障碍因子。

由表7.1可知，从整体来看，各省份生态安全障碍因素的障碍度呈逐年递减趋势，生态安全状况逐年改善。通过分析流域九省份的因子贡献度发现，资源与环境是影响生态安全水平的最主要因素，其中，人均水资源量（S3）始终是限制地区生态安全水平提升的重要因素，2019年，青海省人均水资源量超过全国平均水平，而其余省份远低于全国平均水平，且空间上存在严重的分布不均衡现象，中游和下游地区均达到国际标准划定的人均水资源量严重匮乏标准，水资源承载力严重不足。由于黄河流域水资源短缺，时空分布不均，使人均水资源的不足严重阻碍黄河流域生态安全水平的提高，且影响广泛且深远。黄河流域是我国重要的人口集聚区，河南省、山东省、山西省和陕西省等生产生活用水量大，加之流域水资源分布不均，导致水资源匮乏情况严重。同时，由于黄河沿岸省份如山西省、河南省水资源污染情况严重，加剧了沿岸水资源紧张的情况。

在经济驱动力方面，经济发展水平是地区发达程度最为直观的体现，黄河流域人均地区生产总值、人均地方财政收入、第三产业增加值障碍度水平较高，说明多数城市当前经济发展依然较为缓慢，经济发展能力有限，且存在第三产业发展质量较低的现象，城市发展动能不足，经济发展动力尚未转换完成，工业对城市经济发展的贡献度依然处于高水平，第三产业未能成为推进经济进一步发展的动力。在政策响应方面，生态环境建设支出占财政支出比例在研究期内障碍度不断下降，但目前仍是障碍度水平较高的障碍因子，继续加大对环境治理和生态建设的投入，提升城市的生态化水平，建立完善的环境规制体系，完善污染物排放的税收机制，对提升生态安全水平具有重要意义。社会发展方面，人均可支配收入上升趋势最为明显，说明黄河流域居民收入水平稳步提升，居民生活质量提升较为明显，不再是阻碍黄河流域绿色发展的因子。资源环境方面，各障碍因子障碍度水平均未出现明显下降，甚至出现障碍度水平增长的情况，说明黄河流域研究期内资源环境水平未能出现良好改善，资源环境状况依旧是阻碍黄河流域生态安全水平提升最为重要的一个方面，合理配置资源、改善生态环境状况应当是下一步提升黄河流域生态安全水平的重要发展方向。

**表 7.1　　　黄河沿岸各省份不同年份生态安全水平主要障碍因素**

| 省份 | 年份 | 1 | 2 | 3 | 4 | 5 |
|---|---|---|---|---|---|---|
| 青海 | 2019 | P1（10.21%） | D2（6.90%） | S2（6.55%） | S1（5.95%） | I3（5.74%） |
| | 2016 | D2（12.70%） | S1（11.37%） | S2（10.46%） | I3（10.21%） | R2（8.55%） |
| | 2013 | S2（11.66%） | S1（11.16%） | D2（10.15%） | I3（10.03%） | P1（8.22%） |
| | 2010 | S2（12.66%） | S1（10.96%） | I3（10.62%） | R3（9.12%） | D2（8.76%） |
| 四川 | 2019 | I4（9.82%） | I1（9.60%） | P4（9.50%） | S3（8.33%） | S4（6.51%） |
| | 2016 | D1（12.36%） | S3（9.85%） | I1（9.32%） | D4（8.92%） | I4（7.29%） |
| | 2013 | S4（11.66%） | S3（10.04%） | S2（8.45%） | P2（8.40%） | R1（6.97%） |
| | 2010 | S2（14.04%） | S1（12.15%） | I3（11.78%） | R3（10.12%） | I1（8.06%） |
| 甘肃 | 2019 | I4（8.56%） | S3（5.99%） | D1（5.71%） | D2（5.70%） | I3（5.02%） |
| | 2016 | D1（10.20%） | S3（9.87%） | D4（9.76%） | D2（8.31%） | S2（8.24%） |
| | 2013 | S3（9.98%） | S4（8.49%） | S2（8.24%） | D1（7.54%） | S1（7.06%） |
| | 2010 | S3（16.67%） | S2（9.47%） | I3（8.66%） | S1（7.49%） | S4（7.01%） |

续表

| 省份 | 年份 | 1 | 2 | 3 | 4 | 5 |
|---|---|---|---|---|---|---|
| 宁夏 | 2019 | S3 (12.08%) | P1 (9.12%) | D2 (8.99%) | I1 (7.75%) | S2 (7.04%) |
| | 2016 | S3 (11.50%) | D1 (11.36%) | D2 (10.60%) | S2 (10.08%) | I3 (8.45%) |
| | 2013 | S3 (14.10%) | S2 (10.81%) | D2 (9.84%) | S1 (9.82%) | D2 (9.01%) |
| | 2010 | S3 (20.84%) | S2 (11.53%) | S1 (10.19%) | D2 (8.60%) | I3 (8.24%) |
| 内蒙古 | 2019 | S3 (12.92%) | S4 (11.85%) | I4 (10.76%) | D2 (9.93%) | P2 (9.06%) |
| | 2016 | S4 (14.61%) | D1 (14.49%) | S3 (13.89%) | D2 (11.58%) | S2 (10.29%) |
| | 2013 | S3 (15.78%) | S2 (15.64%) | D2 (13.14%) | S1 (10.96%) | I3 (10.74%) |
| | 2010 | S3 (22.96%) | S4 (14.58%) | S2 (11.85%) | I3 (9.44%) | D2 (8.01%) |
| 陕西 | 2019 | S3 (10.97%) | S4 (9.85%) | I1 (8.28%) | S2 (7.24%) | D2 (7.16%) |
| | 2016 | S3 (12.94%) | S4 (12.42%) | D1 (12.30%) | S2 (8.91%) | D2 (8.56%) |
| | 2013 | S3 (15.26%) | S4 (12.82%) | S2 (11.27%) | D2 (8.46%) | I1 (7.04%) |
| | 2010 | S3 (21.82%) | S4 (15.77%) | S2 (11.47%) | D2 (7.29%) | I4 (6.84%) |
| 山西 | 2019 | P3 (19.20%) | P2 (19.17%) | S3 (16.51%) | P1 (14.20%) | I3 (11.10%) |
| | 2016 | S3 (12.28%) | D1 (11.87%) | I3 (11.26%) | D2 (9.06%) | I2 (8.20%) |
| | 2013 | S3 (13.68%) | S4 (11.99%) | S2 (9.54%) | D2 (7.89%) | S1 (7.04%) |
| | 2010 | S3 (21.10%) | S2 (10.09%) | I3 (8.18%) | S1 (7.02%) | D2 (6.89%) |

续表

| 省份 | 年份 | 1 | 2 | 3 | 4 | 5 |
|---|---|---|---|---|---|---|
| 河南 | 2019 | S3（10.95%） | I3（10.68%） | S4（7.20%） | R3（6.14%） | I4（6.13%） |
| | 2016 | S4（11.41%） | S3（11.32%） | D1（10.62%） | I3（9.13%） | D4（8.82%） |
| | 2013 | S4（12.76%） | S3（11.75%） | S2（6.81%） | P4（6.42%） | I3（6.27%） |
| | 2010 | S3（19.43%） | S4（12.82%） | I4（8.78%） | I3（7.60%） | S2（6.73%） |
| 山东 | 2019 | P4（16.07%） | P3（13.97%） | S3（11.85%） | I4（7.96%） | R1（4.71%） |
| | 2016 | S3（15.52%） | D1（13.65%） | P4（9.68%） | I1（9.39%） | P1（9.10%） |
| | 2013 | S3（20.02%） | P4（13.33%） | S1（10.83%） | P3（9.97%） | R3（8.54%） |
| | 2010 | S3（29.51%） | I4（13.21%） | P4（10.41%） | S1（10.38%） | R3（7.84%） |

研究期内，多数障碍因子的障碍度水平呈现下降趋势，其中，压力层方面的人口自然增长率、废水排放量下降较为明显，下降幅度均超过 20%，不再是主要的障碍因子，说明黄河流域的经济绿色化水平在研究期内有了较为明显的提升改善，工业的污染物排放量和资源消耗量均有所下降，不再是阻碍黄河流域生态安全的主要障碍因子。

## 7.3　黄河流域区域生态安全障碍因素诊断分析

通过障碍度测算结果可知，黄河流域各省份生态安全水平提高存在一定的短板，但也不尽相同，又有其独特的障碍因素。生态基础及经济发展是上游区域生态安全的主要障碍因素，中游区域的生态安全主要障碍因素是生态资源量与生态建设力度，影响下游区域生态安全发展的因素主要有生态资源量与经济发展带来的环境压力。

### 7.3.1　黄河流域上游省份生态安全障碍因子分析

由表 7.1 可知，从上游区域来看，生态基础及经济发展是生态安全的主要障碍因素，障碍指标有人均水资源量（S3）、人均 GDP（D1）、道理清扫保洁面积（S2）和森林覆盖率（S1）。黄河流域上游由于位置处于中国西北地区，自然资源和气候条件基础不利于经济社会发展，且历史上该区域人口相对位于东部地区的中下游较少，在整个黄河流域内属于经济和社会基础较差的地区，且发展速度较慢，因此，上游多数障碍因子来源于生态基础和经济发展要素。

青海省作为沿黄河流域的发祥地，地域辽阔，气候环境比较恶劣，森林覆盖率一直较低，2019 年森林覆盖率为 6.3%，远低于全国森林覆盖率，人口自然增长率和第三产业增加值也是青海省生态安全水平提高的主要障碍；四川省生态环境用水比率一直位于黄河流域各省份末位，除与该区域自然降水量丰富有关外，还需与其生态建设、城市空间形成和城市园林绿化紧密联系起来，应合理规划利用水资源，因地制宜扩建环境水面。另外，四川省经济层面受限于气候条件和地域因素限制，农业生产方式仍以传统模式较多，农用塑料薄膜使用量高居不下。甘肃地处我国西部干旱和半干旱地区，气候多样、降水量少、植被覆盖率低、水土流失严重、生态环境脆弱。人均水资源量、人均 GDP、道理清扫保洁面积和森林覆盖率成为其生态安全水平提升的主要障碍因素。2019 年甘肃省人均水资源量为 1233.5 立方米/人，远低于我国人均水资源拥有量 2074.5 立方米/人，水资源短缺的现状及脆弱的生态环境是造成生态安全水平低下的根源。宁夏地处我国内陆中部偏北，距海遥远，气候干燥，降水稀少，水资源严重匮乏。2019 年宁夏地区的人均水资源量为 182.2 立方米/人，不及全国人均水资源量的 1/10。

针对黄河流域上游生态安全制约因素的现状，各省份应因地制宜推动生态环境高质量发展。青海省生态安全水平提升应从生态环境保护和经济发展入手，提高森林覆盖率，科学合理开发利用水资源和旅游资源，合理调整产业内部结构，加强城市市容管理和提高环境卫生。四川省生态环境用水需与其生态建设、城市空间形成和城市园林绿化紧密联系起来，应合理规划利用水资源，因地制宜扩建环境水面，并促进四川省农业生产方式转型，降低农业生产活动对化肥、农药的依赖度。针对水资源短缺的现状，强化水资源的科学合理利用，加强生态环境保护，合理优化产业结构和布局，因地制宜创新生态环境治理机制，提高人居环境质量将成为甘肃和宁夏未来可持续发展的重要方向。

### 7.3.2　黄河流域中游省份生态安全障碍因子分析

由表 7.1 可知，从中游区域来看，生态资源量与生态建设力度是影响生态安全的主要障碍因素。障碍指标主要有人均水资源量（S3）、人均公园绿地面积（S4）、生态环境用水比率（I1）、道路清扫保洁面积（S2）。黄河流域中游地区是黄河流域整个区域当中矿产资源、能源最为丰富的地区，同时也是生态环境最为脆弱的地区，由于地形、地貌和气候原因，其水土流失状况较为严重，且中游区域内重工业产业较多，对大气环境、水环境和土地环境质量造成的影响均较为严重，因而其人均资源和生态建设力度是主要障碍因素。其中，人均水资源、人均公园绿地面积、道路清扫保洁等阻碍了生态安全水平的提升，表征生态建设的人均公园绿地面积和生态环境建设障碍度也处于高位水平，说明城市生态建设当中存在投入不足、绿化设施建设不到位的情况。由于中游地区产业以传统污染型第二产业为主，第三产业比重相对较低，且中游地区经济发展相对较慢，因此，在经济水平和经济结构上均一定程度地阻碍了地区生态安全发展。社会方面，由于经济发展的滞后性，导致某些基础设施例如公园绿地面积不足、道路清扫不及时等，使城市清洁指数也成为阻碍生态安全水平提升的障碍因子。

人均水资源量和森林覆盖率是制约内蒙古生态安全水平发展的最主要障

碍因素。干旱少雨及水资源分布不均加剧了内蒙古水资源短缺的现状，粗放式的农业生产方式也消耗着大量水资源，2019 年内蒙古和陕西的人均水资源量分别为 1765.5 立方米/人和 1279.8 立方米/人，均低于全国人均水资源量水平。另外，人均公园绿地面积和生态环境用水量也是制约陕西省生态安全水平提升的主要障碍，生态环境用水率一直处于较低水平，市容环境卫生和环境绿化也未达到城市居民绿色健康生活水平的标准。山西省生态安全的主要障碍因素与陕西省基本一致，除此之外，人均 GDP 指标也是制约山西省生态安全水平发展的主要因素，经济水平主要受限于较低的农业现代化水平。

针对黄河流域中游生态安全制约因素的现状，采用节水设备节约用水，增强全民节约用水意识，提高水资源的循环利用率，优化配置水资源，积极推行“三北防护林、退耕还林、退牧还草”等生态环境保护政策才是对严重缺水的中游地区提高生态安全水平的根本措施。此外，提高生态用水比率，加强城市市容管理和环境绿化是陕西省维持生态环境稳定和安全的重要举措，山西省要通过提高农业现代化水平拉动经济发展，充分运用科学技术和互联网时代。

### 7.3.3 黄河流域下游省份生态安全障碍因子分析

由表 7.1 可知，影响下游区域生态安全发展的因素主要有生态资源量与经济发展带来的环境压力。相比中上游地区，下游地区由于人口众多，地势平坦，气候宜人以及历史原因等，黄河流域下游地区经济和社会发展水平相对较高，经济发展带来的环境压力成为阻碍区域生态安全发展的因素之一。

人均水资源量（S3）、人均公园绿地面积（S4）、森林覆盖率（S1）和人均 GDP（D1）是影响河南省生态安全提升的主要障碍因素。河南省作为我国人口大省，水情较复杂。因此，要运用多举措提高水资源利用率和遏制不合理的用水需求，用水方式也由粗放式向节约集约转变。另外，要加强城市公园、湿地等公共区域建设，全面提升城市生态景观和植被覆盖率。

人均水资源量（S3）、废水排放量（P4）、农用塑料薄膜使用量（P3）和森林覆盖率（S1）是影响山东省生态安全水平提升的主要障碍因素，因为人口众多，人均水资源量、生态景观和植被覆盖率等远不及全国平均水平。山东作为经济大省，有些人民为了追求功利效益，忽略了工业废水和农用塑料薄膜等对生态环境造成的严重危害。为了提升生态安全水平，山东省应积极推进落实黄河流域生态保护和高质量发展国家战略，落实严格的水资源管理制度，开展退耕还林，退耕还湿，在大力发展经济的同时不可忽视生态环境的保护，尤其是对森林资源的保护和建设。

| 第8章 |

# 小结与对策建议

## 8.1 研究结论

本书结合2010～2019年黄河流域沿线九省份的指标数据，基于熵TOPSIS模糊物元模型评估各省的生态安全水平，引入耦合度和耦合协调模型，对黄河流域“驱动力—压力—状态—影响—响应”系统及“两两”子系统承载力之间耦合协调性进行系统分析，继而借助GM(1,1)模型对黄河流域生态安全进行预测分析，最终利用障碍模型分析影响流域不同地区生态安全水平提高的主要障碍因素，提出提升黄河流域各省份生态安全水平提升的对策建议。得到以下结论。

(1) 从时间序列演变的角度来看，2010～2019年黄河流域整体生态安全水平经历了“小幅上升—快速上升—稳定上升”的三个过程，安全贴近度指数由2010年的0.289增长至2019年的0.644，安全等级由敏感阶段逐渐转变为良好阶段。分区域来看，黄河流域上游、中游、下游各区域生态安全在时间序列上也呈现逐年上升趋势，黄河上游生态安全水平呈现集中上升趋势，其中，四川省生态安全水平较高，中游地区山西省生态安全水平增长缓慢，下游区域生态安全变化趋势显著。

(2) 从空间格局演变的角度来看，黄河流域沿线各省份的生态安全水平

2010～2019年在空间上呈现出从“中游领先”到“下游超越”的演进格局。2010～2016年，黄河流域生态安全呈现“中游领先，上游微弱领先于下游”的特征。上游地区的甘肃省和宁夏回族自治区生态环境脆弱，是生态安全未来保护和提高的重点区域，需要因地制宜进行改善。而山东省和河南省改善状况较好，但其发展和环境的矛盾依然存在，需要统筹推进耦合协调；中部地区为生态安全保护的关键区，需突破生态瓶颈，寻求进一步的协调发展和提升空间。

（3）黄河流域各省份生态安全整体水平处于高水平耦合、初步协调阶段，空间差异性明显，“两两”子系统间的耦合协调性呈现明显的分异特征，生态安全评价系统内部协同机制亟待完善。2010～2019年黄河流域生态安全水平耦合协调性整体呈现逐步上升趋势，耦合协调能力逐步提高，生态安全状况持续向好的方向有序发展，但不同省份间生态安全耦合协调性依然不平衡不充分，黄河流域“两两”子系统间耦合协调性均向有序协调方向发展，但空间差异性明显。

（4）从灰色预测模型结果来看，2020～2024年黄河流域生态水平在时间序列上呈稳步提升趋势，上游、中游、下游各省份生态安全指数变化趋势与黄河流域整体趋势保持一致，表明黄河流域整体生态安全朝着健康可持续方向发展。障碍度分析结果来看，黄河流域各区域生态安全水平提高存在共性障碍因素——人均水资源量，不同省份的生态安全障碍因素也具有区域异质性。从上游区域来看，生态基础及经济发展是生态安全的主要障碍因素；从中游地区来看，生态资源量与生态建设力度是影响生态安全的主要障碍因素，影响下游区域生态安全发展的因素主要是生态资源量与经济发展带来的环境压力。

## 8.2　黄河流域生态安全提升对策建议

基于以上研究，新时期面对黄河流域生态安全存在的问题，认识到流域沿岸各省份生态环境状况存在系统性、复杂性和不稳定性，其与人口规模、流域位置和社会经济等子系统状态存在密切联系。因此，加强对黄河流域地区生态安全评价研究，厘清制约生态安全的主要障碍因子，是解决黄河流域地区生态安全问题、协调经济发展与环境保护的重要保障。

### 8.2.1 统筹黄河流域上游、中游、下游协同发展

为了缩小黄河流域各区域生态安全发展差距，实现流域共同进步，则需要建立黄河流域生态保护和高质量发展的跨区域、跨省份的联动合作和统筹治理机制，着力解决上游、中游和下游各省份生态安全发展普遍性障碍因素。例如，面对水资源短缺的共性障碍因素，各省必须统筹合理分配水资源，尽量减少水污染，科学合理利用水资源。另外，黄河流域各省份要在驱动力发展、生态环境压力、资源利用状态、社会进步影响和环境保护响应等多方面开展合作，推动省份间和区域间的社会经济、生态环境及人类发展等系统间的耦合协调能力提升。

### 8.2.2 因地制宜合理规划黄河流域生态发展

由于黄河流域各区域地形气候条件、自然资源条件、生态环境本底、经济发展模式等不尽相同，各区域、各省份应扬长避短因地制宜推动生态环境高质量发展。对于内蒙古自治区和青海省，幅员辽阔，人口密度低，区域资源消耗量和污染物排放强度相对较低，则两省应特别关注现有生态资源与自然环境保持，合理规划，适度开发区域资源；内蒙古自治区、山西省和河南省分布有我国重要的煤炭生产基地，煤炭开采造成植被破坏、水土流失和土壤污染等问题，则这些省份应加强矿产开采资格管理，杜绝私开乱采情况的发生；河南省、山东省和陕西省三个省份面临人口压力大、资源消耗量大和污染物排放强度高等问题，则这些省份需要重视建立健全生态环境保护的长效机制，加大污染综合治理力度和环境保护财政投入，促进经济发展模式转型等。

### 8. 2. 3　完善黄河流域生态保护管理机制体系

针对黄河流域当前面临的生态状况，地方政府部门应当出台相应的管理措施和政策，加大环境规制力度，建立起相对完善的管理机制体系，确保经济发展质量的提升，进而促进生态安全水平的提升。首先要落实政策制定环节，减少企业经济活动对外部环境造成的影响，例如，根据当地经济水平、产业结构、环境质量等状况制定合理的政策措施，对企业、居民等作出要求，实现生产者和消费者在全部经济活动中的绿色化。其次要明确各政府部门之间的分工，将经济发展政策、企业行为约束、自然环境保护等方面分开管理，确保各部门之间责任落实到位，不能将责任界限模糊化，将提升生态安全水平的监管落在实处。最后应当制定一套完整的企业生产绿色化量化体系，明确规定企业碳排放量的上限，超过该上限即对其进行碳税征收或行政处罚，确保某些污染密集型产业可以在短期之内改变污染密度大、强度高的现状，从而提升生态环境质量，进而促进生态安全水平的进一步提升。

### 8. 2. 4　加强黄河流域环境治理投资

环境保护和资金投入是各省份生态安全发展的有力保证。即充裕的财政投入、恰当的政府宏观调控和有效的环境治理生态建设都是地区实现高质量发展的重要条件。针对西北风沙生态脆弱区，重点开展山区生态环境恢复，提高森林覆盖率，加强水源涵养和流域综合治理，提升生态系统功能；对于华中人口密集区，应高标准实施黄河流域生态保护政策，利用科技来实现生产过程的节能减排，以减轻对资源和环境的压力，优化水资源配置，倡导低碳生活方式，提倡绿色出行，加强城市绿化建设和管理，全面提升城市生态景观和植被覆盖率，提高健康绿色生活质量。

### 8.2.5　提高公众的环保认识度与参与度

良好的生态环境需要公众共同维护。首先让公众深刻理解“黄河流域生态保护和高质量发展”是一项需要大家共同践行的政策理念，同时也要明白可持续发展的真正含义，认识到自身生产生活活动对流域高质量发展提升的重要影响。其次要加强公众对生态环境保护的责任意识，通过电视、广告、自媒体、互联网等多种平台推动黄河流域高质量发展的政策宣传，使居民对黄河流域生态保护抱有一种责任感和紧迫感。最后通过多种渠道和活动让公众参与到黄河流域大保护队伍中，获得“保护环境，人人有责”的集体参与感!

### 8.2.6　倡导公众绿色简约生活方式

大力倡导文明健康绿色环保生活方式，引导人们培养文明行为习惯、养成健康生活方式、弘扬崇尚节约理念、树立绿色环保观念，逐步改变自身传统生活方式，遵循绿色低碳、文明健康的原则，尊重生态环境，倡导绿色消费，实现人与自然和谐相处，生态经济发展以及自然资源的持续利用。在培养文明行为习惯方面，持续加强精神文明教育，巩固和发扬文明行为和良好风尚，推动形成文明健康的交往模式、生活方式和风俗习惯；在养成健康生活方式方面，深入推进维护公共卫生、净化美化环境、普及健康知识、培养自主自律生活方式；在弘扬崇尚节约理念方面，大力弘扬勤俭节约、艰苦奋斗的传统美德，引导人们从我做起，从身边小事做起，践行简约适度生活；在树立绿色环保观念方面，加强生态环保意识宣传教育，全面推进垃圾分类，倡导低碳、循环、可持续理念，引导人们尊重自然、顺应自然、保护自然。

# 第三编

# 基于不同测度距离的生态安全评价方法研究

## ——以甘肃省为例

# 第9章

# 研究区概况

## 9.1　地理区位概况

甘肃省在经济位置上位于丝绸之路经济带的中心位置，是我国“一带一路”建设的咽喉之地；在地理位置上位于祖国中心，东接陕西，南邻四川，西连青海、新疆，北靠内蒙古、宁夏并与蒙古国接壤，地处黄土高原、青藏高原、内蒙古高原三大高原和西北干旱区、青藏高寒区、东部季风区三大自然区域的交汇处，介于北纬32°11′~42°57′，东经92°13′~108°46′，东西蜿蜒1600多千米，南北宽530千米，总面积42.58万平方千米。

甘肃省地貌地势复杂，类型丰富多样，例如山地、高原、平川、河谷、沙漠、戈壁交错分布，北有六盘山和龙首山，东为岷山、秦岭和子午岭，西接阿尔金山和祁连山，南壤青泥岭。大部分地区气候干燥，自然灾害严重，例如草地退化、湿地功能退化、土地沙化、水土流失、旱灾水灾频繁等，资源分配极为不均，高原交汇，植被稀疏，生态系统复杂脆弱。各市州海拔多在1000米以上，气温差别较大，自然条件严酷，是西北地区乃至全国自然生态类型较为复杂的地区之一，生态环境建设与保护的难度较高。甘肃省作为青藏高原生态屏障、黄土高原—川滇生态屏障以及北方防沙带的重要组成部分，生态地位极其重要，对保障国家生态安全建设具有重要作用。

## 9.2 行政区划状况

甘肃省是西部重要的交通物流枢纽和文化交流要道，古丝绸之路的“咽喉之地”，第二欧亚大陆桥的重要通道，自古以来是中外交通交流交往的重要区域。截至2018年，甘肃省下辖12个地级市和2个自治州。

## 9.3 资源环境概况

### 9.3.1 气候状况

甘肃省气候类型多样，从南向北包括亚热带季风气候、温带季风气候、温带大陆性干旱气候以及高原山地气候四大气候类型，主要气象灾害有干旱、暴雨洪涝、冰雹、大风、沙尘暴和霜冻等。甘肃省各地年降水量从东南向西北逐渐递减，受季风气候影响，甘肃省降水多集中在6~8月，占全年降水量的50%~70%，具有明显的地区分带特征，各地年降水量处于36.6~734.9毫米，年均降水量约为300毫米。

### 9.3.2 水资源状况

甘肃省水资源主要分属黄河、长江、内陆河3个流域、11个水系。黄河流域包括黄河干流、洮河、湟水、泾河、渭河、北洛河6个水系。长江流域包括嘉陵江、汉江2个水系。内陆河流域包括疏勒河、黑河、石羊河3个水系。2018年甘肃省内陆河流域地下水资源量59.23亿立方米，黄河流域地下水资源量63.95亿立方米，长江流域地下水资源量44.10亿立方米。2019年甘肃省水资源总量325.9亿立方米，人均水资源拥有量达1231立方米。①

### 9.3.3　土地资源状况

根据甘肃省第二次全国土地调查，甘肃省土地总面积4258.89万公顷，其中，耕地537.67万公顷，占甘肃省总面积的12.62%；园地25.52万公顷，占全省总面积的0.6%；林地609.58万公顷，占全省总面积的14.31%；草地1417.23万公顷，占全省总面积的33.28%；城镇村及工矿用地79.97万公顷，占全省总面积的1.88%，自然保护区56个，面积达875万公顷，资源丰富多样②。

## 9.4　甘肃省生态安全状况

依据甘肃省生态环境安全评价指标体系，对甘肃省生态安全领域的各个方面进行综合分析。

### 9.4.1　甘肃省空气质量状况

根据我国空气质量标准，空气质量检验指数指标主要包括二氧化硫、二氧化氮、可吸入颗粒物，其中，二氧化硫是城市中普遍存在的污染物，可导致酸雨、呼吸道疾病等，二氧化氮、可吸入颗粒物均对生态环境、人体健康存在较大的危害，严重影响生态环境的可持续建设。甘肃省2012～2019年空气质量状况变化明显，环保治理良好。其中，可吸入颗粒物PM10年均浓度由2012年的83.54微克/立方米逐渐增长至2014年的97.57微克/立方米，

① 资料来源：2019～2020年《甘肃省统计年鉴》。

② 资料来源：《甘肃省统计年鉴》（2020年）。

空气颗粒物浓度有所增高，空气质量有所下降，随后下降至2019年的57.79微克/立方米，空气中的颗粒物浓度下降趋势明显，空气质量状况逐渐改善。二氧化硫年均浓度由2012年的43.46微克/立方米逐年下降至2019年的14.36微克/立方米，大气环境污染物浓度下降趋势明显；二氧化氮年均浓度由2012年的35.77微克/立方米逐渐下降至2014年的28.64微克/立方米，空气质量有所改善，但2015年又增长至31.21微克/立方米，随后逐年降低至2019年的25.36微克/立方米，空气质量逐渐改善（见图9.1）。

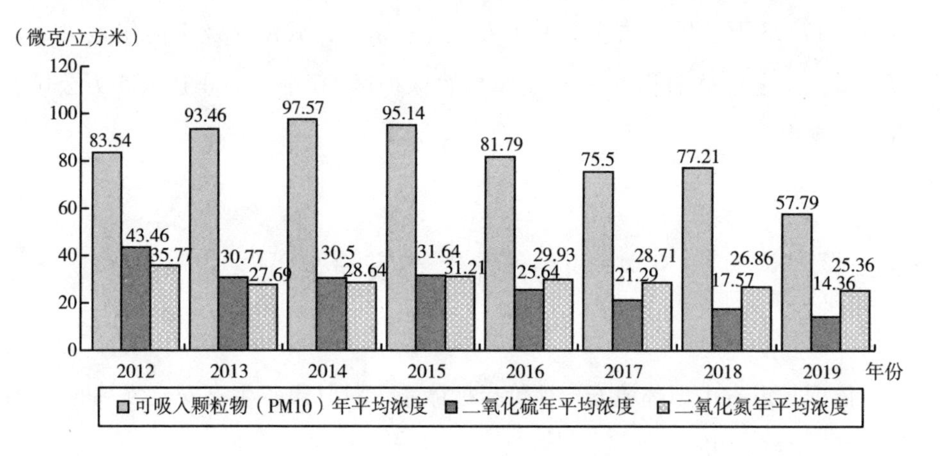


**图9.1　2012～2019年甘肃省空气质量状况**

资料来源：2019～2020年《甘肃省统计年鉴》。

## 9.4.2　甘肃省城区建设状况

城市绿化是改善城市环境的主要活动，是城市系统中的更新调节组织，能够直接影响城市居民生活的幸福度。社会经济的快速发展在一定程度上促进了绿色城市的建设，深化了环保城市的变革。甘肃省建成区绿化覆盖率由2012年的26.18%逐渐增长至2019年的35.79%，环保建设效果显著，城市绿化程度总体呈现逐年增长趋势。城市建设中燃气普及率由2012年的77.81%逐渐增长至2019年的92.66%，燃气普及范围不断加大，进而取代煤炭等燃料作为居民日常生活的必需品，极大地改善了空气质量（见图9.2）。

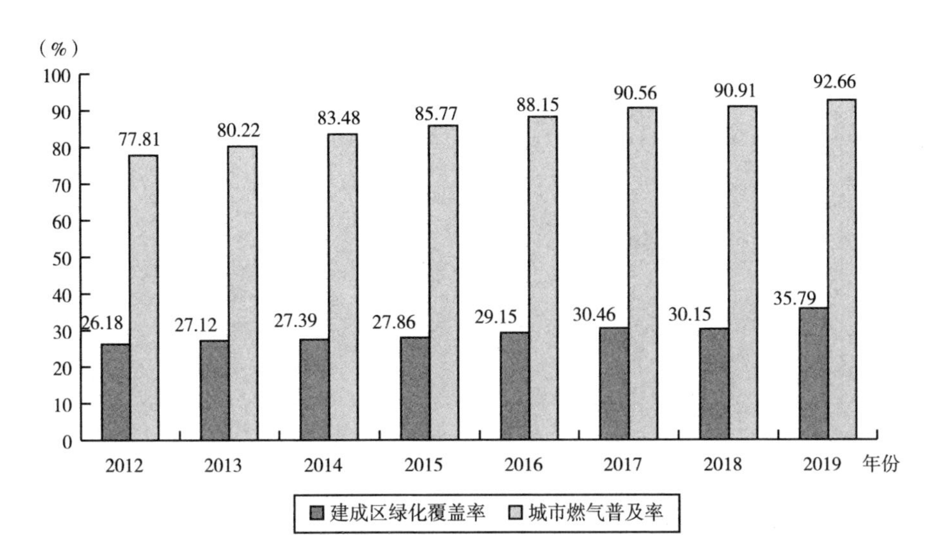


**图 9.2 2012～2019 年甘肃省城区建设状况**

资料来源：2013～2020 年《甘肃省统计年鉴》。

### 9.4.3 甘肃省产业投资状况

产业投资是影响产业经济发展的重要因素，继而对环境产生较大的影响。按照我国三次产业划分，第二产业主要是指采矿业，制造业，电力、热力、燃气及水生产和供应业以及建筑业；按照英国经济学家费希尔提出的产业划分思路，第二产业主要包括工业和建筑业，根据以上两种产业划分，第二产业的发展均对生态环境有较大的影响。甘肃省第二产业生产总值占地区生产总值的比例从 2012 年的 47.14% 逐渐下降到 2019 年的 32.22%，产业投资总体呈现下降趋势，电力、热力、燃气及水生产和供应业投资占比从 2012 年的 78.59% 逐渐增长至 2016 年的 88.89%，后逐渐降低至 2019 年的 77.43%，在一定程度上减轻了生态环境保护的压力，促进了生态城市的建设（见图 9.3）。

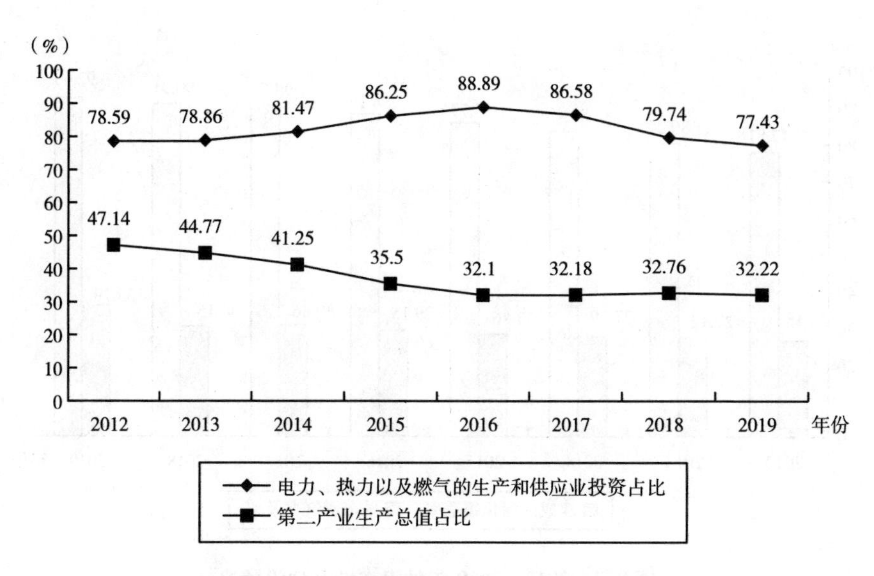


**图 9.3　2012 ~ 2019 年甘肃省产业投资变化状况**

资料来源：2013 ~ 2020 年《甘肃省统计年鉴》。

## 9.4.4　甘肃省灌溉及自然灾害状况

在自然资源方面，我国土地资源丰富。我国是世界矿产种类多、分布广、储量大、大部分矿产资源能够自给自足的少数国家之一，但资源地区分布很不平衡，尤其以水、能源和矿产三种资源更为突出。甘肃省地处内陆，气候干旱，地形复杂，气候多样，自然资源及灾害状况，对生态环境建设具有重大影响。在自然资源使用方面，甘肃省有效灌溉面积占比从 2012 年的 43.87% 逐渐增长至 2019 年的 47.71%，水资源消耗量逐年减少；在自然灾害方面，甘肃省旱涝灾害受灾面积占比从 2012 年的 45.86% 增长至 2012 年的 71.98%，后波动下降至 2019 年的 34.48%，其中，2016 年达到近些年最大，为 75.79%，总体上看，其旱涝灾害受灾面积波动起伏较大，对环境保护的影响不容乐观（见图 9.4）。

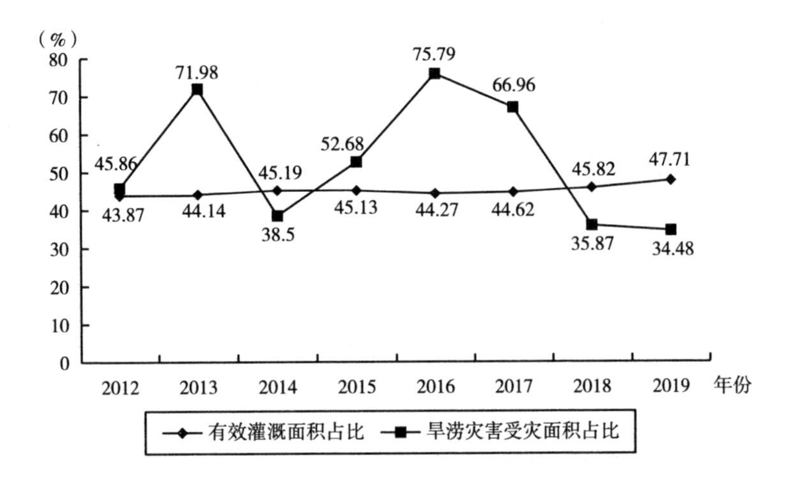


**图 9.4　2012 ~ 2019 年甘肃省灌溉及自然灾害状况**

资料来源：2013 ~ 2020 年《甘肃省统计年鉴》。

### 9.4.5　甘肃省工业废物排放及利用状况

近年来，我国经济飞速发展，其产出的工业废物所造成的环境污染是我国环境污染问题的主要部分，其自然环境的危害性主要体现在以下五个方面：(1) 侵占土地资源。据推算，每堆放 $1 \times 10^4$ 吨渣约需占地面积 1 亩，在我国众多地区利用市郊设置垃圾堆场，侵占了大量的田地。(2) 污染土壤环境。环境废物堆置，在其中的有害成分容易污染土壤环境，人与污染的土壤环境直接接触或直接生吃此类土壤环境上种植的菜类、瓜类可能会致病。(3) 污染水环境。垃圾在堆放腐败过程中还会产生大量的酸性和碱性有机污染物，与水（雨水、地表水）接触，废物中的有毒有害成分必然被浸滤出来，从而使水体发生酸性、碱性、富营养化、矿化、悬浮物增加，造成水资源的严重污染。(4) 污染大气环境。垃圾露天堆放大量氨、硫化物等有害气体释放，严重污染了大气和城市的生活环境。(5) 影响卫生市容。因此，工业废物的排放及处理对生态环境状况具有较大的影响。甘肃省工业工体废物综合利用率从 2012 年的 67.21% 逐渐下降至 2019 年的 58.53%，工业废水化学需氧量排放量占比从2012年的23.79%逐渐下降至2019年的11.22%，工业烟（粉）尘排放量占比从2012年的75.47%逐渐下降至2019年的69.74%。总体上，工业废弃物的排放量逐渐减少，工体废物的综合利用效率也呈现轻微下降趋势（见图9.5）。

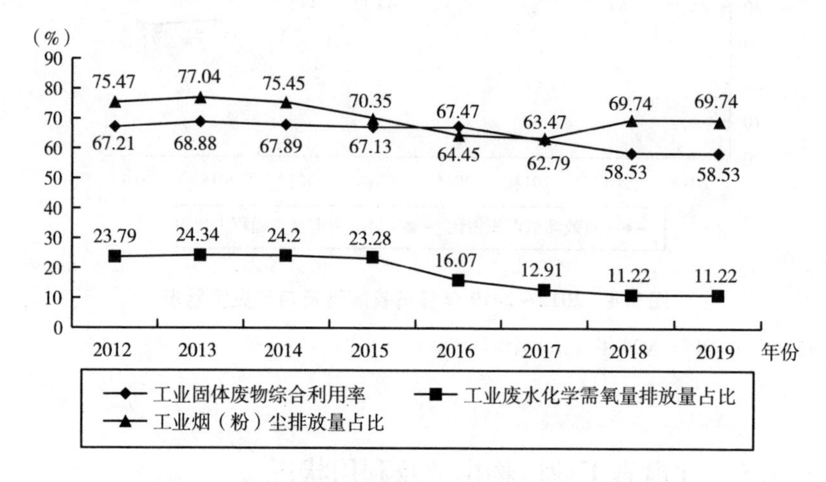


**图9.5　2012～2019年甘肃省工业废物排放及利用状况**

资料来源：2013～2020年《甘肃省统计年鉴》。

## 9.4.6　甘肃省经济及教育发展状况

社会经济的发展对生态环境的影响具有两面性，一方面，经济发展对环境能源资源与环境的制约加大，不可再生资源消耗不可弥补；另一方面，经济发展能够为环境保护与建设提供资金和技术，通过高效、低风险科技处理日常生产生活所产生的废物，以更加环保的措施处理各种环境污染物，提高环保措施效率，提升生态质量。甘肃省人均GDP增长率从2012年的11.4%逐渐减少至2019年的5.7%，林业增加值占比从2012年的1.85%逐渐增长至2018年的2.13%，在强调绿色经济的过程中，经济发展效率有所下降，但林业经济发展有所提高；其教育投入方面，研究与试验发展（R&D）经费内部支出占比从2012年的1.12%逐渐增长至2019年的1.26%，项目课题经费内部支出占比 2012 年为 0.81%，2019 年为 0.87%。总体而言，科学研发、教育支出占国民生产总值的比例变化不大（见图 9.6）。

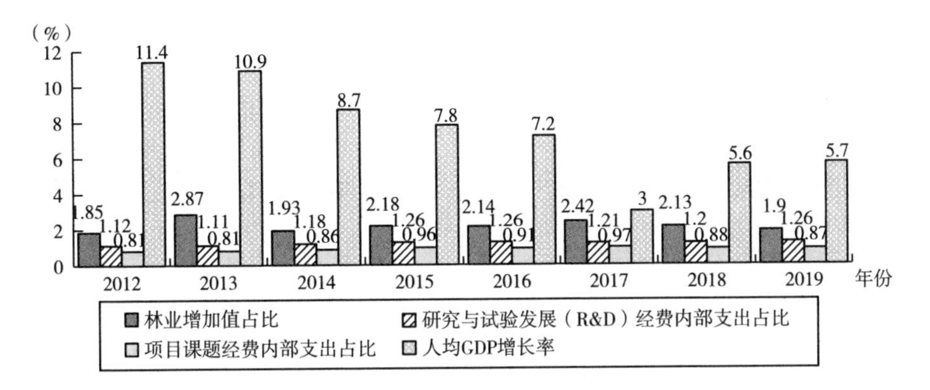


**图 9.6　2012～2019 年甘肃省经济与教育发展状况**

资料来源：2013～2020 年《甘肃省统计年鉴》。

| 第10章 |

# 基于不同测度方法下的甘肃省生态安全评价

## 10.1 甘肃省生态安全评价指标体系

为合理地解决经济社会发展与环境建设之间的矛盾点，在经济发展、社会建设背景下对区域生态环境安全综合评价尤为重要。本章根据评价指标选取的原则，基于生态环境安全内涵、中国科学院可持续发展指标体系、甘肃省生态环境与社会经济发展现状，参考史紫薇等（2021）、张婧等（2010）文献关于生态安全指标体系构建准则，从自然资源开发、环保建设、经济建设与社会发展四个方面出发，综合考虑各个评价指标生态环境状况的影响性质，将指标类型划分为成本型指标和收益型指标两大类，选取24个指标构建甘肃省总体生态安全综合评价指标体系，考虑指标数据的可获取性，合理构建甘肃省地区生态安全指标体系，具体如表10.1所示。

**表10.1 甘肃省生态安全综合评价指标**

| 目标层 | 类型层 | 变量 | 指标层 | 单位 |
| --- | --- | --- | --- | --- |
| 甘肃省总体生态安全评价指标 | 收益型（正向） | X1 | 空气质量达到二级以上天数占全年比重 | % |
| | | X2 | 建成区绿化覆盖率 | % |
| | | X3 | 有效灌溉面积占比 | % |
| | | X4 | 林业增加值占比 | % |

续表

| 目标层 | 类型层 | 变量 | 指标层 | 单位 |
| --- | --- | --- | --- | --- |
| 甘肃省总体生态安全评价指标 | 收益型（正向） | X5 | 农林水财政支出比例 | % |
| | | X6 | 电力、热力以及燃气的生产和供应业投资占比 | % |
| | | X7 | 工业固体废物综合利用率 | % |
| | | X8 | 城市燃气普及率 | % |
| | | X9 | 研究与试验发展（R&D）经费内部支出占比 | % |
| | | X10 | 项目课题经费内部支出占比 | % |
| | 成本型（负向） | X11 | 旱涝灾害受灾面积占比 | % |
| | | X12 | 单位耕地面积化肥使用量 | $kg/hm^2$ |
| | | X13 | 可吸入颗粒物（PM10）年平均浓度 | $\mu g/m^3$ |
| | | X14 | 二氧化硫年平均浓度 | $\mu g/m^3$ |
| | | X15 | 二氧化氮年平均浓度 | $\mu g/m^3$ |
| | | X16 | 居民生活用水占比 | % |
| | | X17 | 工业废水排放量占比 | % |
| | | X18 | 第二产业生产总值占比 | % |
| | | X19 | 建筑业总产值比例 | % |
| | | X20 | 工业废水化学需氧量排放量占比 | % |
| | | X21 | 私人汽车拥有量占比 | % |
| | | X22 | 城区面积占比 | % |
| | | X23 | 工业烟（粉）尘排放量占比 | % |
| | | X24 | 人均 GDP 增长率 | % |

## 10.2　各指标生态安全综合评价等级划分

综合参考已有文献中的评价指标等级划分思路，查阅我国《生态县建设规划》建设指标要求、《环境空气质量标准》（GB 3095—2012）等资料，参照我国经济增长速度中低速、稳步、快速、较快、高速等级划分，地区生产总值所包含的类型，地区政府财政支出项目类型以及能源生产与消费的类型构成，对以上生态环境评估指标进行安全等级划分（见表 10.2）。

表 10.2　　生态安全综合评价指标安全等级

| 类型层 | 变量 | 指标层 | 轻微，普通，中等，严重，极其严重 |
|---|---|---|---|
| 收益型 | X1 | 空气质量达到二级以上天数占全年比重 | 100~80，80~60，60~40，40~20，20~0 |
| | X2 | 建成区绿化覆盖率 | 100~80，80~60，60~40，40~20，20~0 |
| | X3 | 有效灌溉面积占比 | 100~80，80~60，60~40，40~20，20~0 |
| | X4 | 林业增加值占比 | 25~20，20~15，15~10，10~5，5~0 |
| | X5 | 农林水财政支出比例 | 25~20，20~15，15~10，10~5，5~0 |
| | X6 | 电力、热力以及燃气的生产和供应业投资占比 | 100~80，80~60，60~40，40~20，20~0 |
| | X7 | 工业固体废物综合利用率 | 100~80，80~60，60~40，40~20，20~0 |
| | X8 | 城市燃气普及率 | 100~80，80~60，60~40，40~20，20~0 |
| | X9 | 研究与试验发展（R&D）经费内部支出占比 | 25~20，20~15，15~10，10~5，5~0 |
| | X10 | 项目课题经费内部支出占比 | 25~20，20~15，15~10，10~5，5~0 |
| 成本型 | X11 | 旱涝灾害受灾面积占比 | 0~20，20~40，40~60，60~80，80~100 |
| | X12 | 单位耕地面积化肥使用量 | 0~50，50~100，100~150，150~200，200~250 |
| | X13 | 可吸入颗粒物（PM10）年平均浓度 | 0~30，30~60，60~90，90~120，120~150 |
| | X14 | 二氧化硫年平均浓度 | 0~20，20~40，40~60，60~80，80~100 |
| | X15 | 二氧化氮年平均浓度 | 0~20，20~40，40~60，60~80，80~100 |
| | X16 | 居民生活用水占比 | 0~20，20~40，40~60，60~80，80~100 |
| | X17 | 工业废水排放量占比 | 0~20，20~40，40~60，60~80，80~100 |
| | X18 | 第二产业生产总值占比 | 0~10，10~20，20~30，30~40，40~50 |
| | X19 | 建筑业总产值比例 | 0~5，5~10，10~15，15~20，20~25 |
| | X20 | 工业废水化学需氧量排放量占比 | 0~10，10~20，20~30，30~40，40~50 |
| | X21 | 私人汽车拥有量占比 | 0~20，20~40，40~60，60~80，80~100 |
| | X22 | 城区面积占比 | 0~20，20~40，40~60，60~80，80~100 |
| | X23 | 工业烟（粉）尘排放量占比 | 0~20，20~40，40~60，60~80，80~100 |
| | X24 | 人均 GDP 增长率 | 0~5，5~10，10~15，15~20，20~25 |

# 10.3　评价方法

## 10.3.1　集对分析理论

集对分析的核心思想是把被研究的客观事物之间的确定性、不确定性以及确定性与不确定性的相互作用联系在一起，作为一个确定不确定系统进行分析和处理，即将两个集合中的确定性联系分为“同一性联系”和“对立性联系”，同时认为其余的不确定性联系部分为“差异性联系”。总体来说，两个集合中同时具备的特征称为同一性，相互矛盾、对立的特征记为对立性，而其他的一些特征既不同一，也不对立，记为差异性，从“同”“异”“反”三个方面研究两个事物间的特性、结构、状态以及相互联系。集对分析有两个基本概念：一个为集对；另一个为联系度。集对就是具有一定联系的两个集合组成的一个基本单位，而联系度是两个集合之间的同一性、对立性、差异性的具体定量表现。

设集对 $H=(A,B)$ 有 N 个特征，集合 A 与 B 所共有的特征数为 S，所对立的特征数为 P，所差异的特征数为 F，则其基本公式为：

$$\mu=\frac{S}{N}+\frac{F}{N}i+\frac{P}{N}j=a+bi+cj \tag{10.1}$$

其中，$\mu$ 为联系度；a、b 和 c 分别为同一联系度、差异联系度及对立联系度，$a,b,c\in[0,1]$，且 $a+b+c=1$；i 为差异联系度的标记，$i\in[-1,1]$；j 为相反联系度的标记，且 $j=-1$。

## 10.3.2　集对分析联系度

将式（10.1）三元联系度扩展为五元联系度，即强对立、强差异、同一度、弱差异和弱对立。其基本公式为：

$$\mu = a + (b_1 + b_2)i + (c_1 + c_2)j = a + b_1 i^+ + b_2 i^- + c_1 j^+ + c_2 j^- \quad (10.2)$$

其中，$a + b_1 + b_2 + c_1 + c_2 = 1$；$i^+ \in [0,1]$；$i^- \in [-1,0]$；$j^+ \in \{0,1\}$；$j^- = -1$。参考葛等（Ge et al.，2020）由其负向指标五元联系度的计算公式，推导出相应五元正向指标联系度的计算公式，具体如表 10.3 所示。

**表 10.3　　　　集对分析五元联系数**

| 成本型 | 收益型 |
| --- | --- |
| $\mu_1 = \begin{cases} 1 & x_k \in [0,s_1) \\ \frac{s_1}{x_k} + \frac{x_k - s_1}{x_k} i^- & x_k \in [s_1,s_2) \\ \frac{s_1}{x_k} + \frac{s_2 - s_1}{x_k} i^- + \frac{x_k - s_2}{x_k} j^- & x_k \in [s_2,s_5) \end{cases}$ | $\mu_1' = \begin{cases} 1 & x_k \in (s_4,s_5] \\ \frac{s_5 - s_4}{s_5 - x_k} + \frac{s_4 - x_k}{s_5 - x_k} i^- & x_k \in (s_3,s_4] \\ \frac{s_5 - s_4}{s_5 - x_k} + \frac{s_4 - s_3}{s_5 - x_k} i^- + \frac{s_3 - x_k}{s_5 - x_k} j^- & x_k \in (0,s_3] \end{cases}$ |
| $\mu_2 = \begin{cases} \frac{s_2 - s_1}{s_2 - x_k} + \frac{s_1 - x_k}{s_2 - x_k} i^+ & x_k \in [0,s_1) \\ 1 & x_k \in [s_1,s_2) \\ \frac{s_2 - s_1}{x_k - s_1} + \frac{x_k - s_2}{x_k - s_1} i^- & x_k \in [s_2,s_3) \\ \frac{s_2 - s_1}{x_k - s_1} + \frac{s_3 - s_2}{x_k - s_1} i^- + \frac{x_k - s_3}{x_k - s_1} j^- & x_k \in [s_3,s_5) \end{cases}$ | $\mu_2' = \begin{cases} \frac{s_4 - s_3}{x_k - s_3} + \frac{x_k - s_4}{x_k - s_3} i^+ & x_k \in (s_4,s_5] \\ 1 & x_k \in (s_3,s_4] \\ \frac{s_4 - s_3}{s_4 - x_k} + \frac{s_3 - x_k}{s_4 - x_k} i^- & x_k \in (s_2,s_3] \\ \frac{s_4 - s_3}{s_4 - x_k} + \frac{s_3 - s_2}{s_4 - x_k} i^- + \frac{s_2 - x_k}{s_4 - x_k} j^- & x_k \in (0,s_2] \end{cases}$ |
| $\mu_3 = \begin{cases} \frac{s_3 - s_2}{s_3 - x_k} + \frac{s_2 - s_1}{s_3 - x_k} i^+ + \frac{s_1 - x_k}{s_3 - x_k} j^+ & x_k \in [0,s_1) \\ \frac{s_3 - s_2}{s_3 - x_k} + \frac{s_2 - x_k}{s_3 - x_k} i^+ & x_k \in [s_1,s_2) \\ 1 & x_k \in [s_2,s_3) \\ \frac{s_3 - s_2}{x_k - s_2} + \frac{x_k - s_3}{x_k - s_2} i^- & x_k \in [s_3,s_4) \\ \frac{s_3 - s_2}{x_k - s_2} + \frac{s_4 - s_3}{x_k - s_2} i^- + \frac{x_k - s_4}{x_k - s_2} j^- & x_k \in [s_4,s_5) \end{cases}$ | $\mu_3' = \begin{cases} \frac{s_3 - s_2}{x_k - s_2} + \frac{s_4 - s_3}{x_k - s_2} i^+ + \frac{x_k - s_4}{x_k - s_2} j^+ & x_k \in (s_4,s_5] \\ \frac{s_3 - s_2}{x_k - s_2} + \frac{x_k - s_3}{x_k - s_2} i^+ & x_k \in (s_3,s_4] \\ 1 & x_k \in (s_2,s_3] \\ \frac{s_3 - s_2}{s_3 - x_k} + \frac{s_2 - x_k}{s_3 - x_k} i^- & x_k \in (s_1,s_2] \\ \frac{s_3 - s_2}{s_3 - x_k} + \frac{s_2 - s_1}{s_3 - x_k} i^- + \frac{s_1 - x_k}{s_3 - x_k} j^- & x_k \in (0,s_1] \end{cases}$ |
| $\mu_4 = \begin{cases} \frac{s_4 - s_3}{s_4 - x_k} + \frac{s_3 - s_2}{s_4 - x_k} i^+ + \frac{s_2 - x_k}{s_4 - x_k} j^+ & x_k \in [0,s_2) \\ \frac{s_4 - s_3}{s_4 - x_k} + \frac{s_3 - x_k}{s_4 - x_k} i^+ & x_k \in [s_2,s_3) \\ 1 & x_k \in [s_3,s_4) \\ \frac{s_4 - s_3}{x_k - s_3} + \frac{x_k - s_4}{x_k - s_3} i^- & x_k \in [s_4,s_5) \end{cases}$ | $\mu_4' = \begin{cases} \frac{s_2 - s_1}{x_k - s_1} + \frac{s_3 - s_2}{x_k - s_1} i^+ + \frac{x_k - s_3}{x_k - s_1} j^+ & x_k \in (s_3,s_5] \\ \frac{s_2 - s_1}{x_k - s_1} + \frac{x_k - s_2}{x_k - s_1} i^+ & x_k \in (s_2,s_3] \\ 1 & x_k \in (s_1,s_2] \\ \frac{s_2 - s_1}{s_2 - x_k} + \frac{s_1 - x_k}{s_2 - x_k} i^- & x_k \in (0,s_1] \end{cases}$ |

续表

| 成本型 | 收益型 |
| --- | --- |
| $\mu_5=\begin{cases}\frac{s_5-s_4}{s_5-x_k}+\frac{s_4-s_3}{s_5-x_k}i^++\frac{s_3-x_k}{s_5-x_k}j^+ & x_k\in[0,s_3)\\ \frac{s_5-s_4}{s_5-x_k}+\frac{s_4-x_k}{s_5-x_k}i^+ & x_k\in[s_3,s_4)\\ 1 & x_k\in[s_4,s_5)\end{cases}$ | $\mu_5'=\begin{cases}\frac{s_1}{x_k}+\frac{s_2-s_1}{x_k}i^++\frac{x_k-s_2}{x_k}j^+ & x_k\in(s_2,s_5]\\ \frac{s_1}{x_k}+\frac{x_k-s_1}{x_k}i^+ & x_k\in(s_1,s_2]\\ 1 & x_k\in(0,s_1]\end{cases}$ |

根据集对分析理论，集对势 SHI(μ) 反映集对分析两个研究集合的联系程度，计算公式如下：

$$SHI(\mu)=\frac{a}{a+c}=\frac{a}{a+c_1+c_2}\quad (c\neq 0) \tag{10.3}$$

## 10.3.3 直觉模糊集

模糊集理论（fuzzy set）是由美国学者查德（Zadeh）提出的一种为处理模糊不确定性现象的理论，在多属性决策领域应用较为广泛。随着多属性决策问题所包含的信息不完备以及系统越来越复杂，阿塔纳索夫等（Atanassov et al.，1986）对研究对象信息模糊、不确定的决策问题进行了深入研究，将模糊集理论拓展延伸后提出了多属性决策理论直觉模糊集的概念，使其在处理不确定性方面更加具有灵活性和真实性，更符合人们对客观事物的认知。

设 X 是一个非空论域，则 A 在 X 中的直觉模糊集为 $A=\{\langle x,u_A(x),v_A(x)\rangle \mid x\in X\}$，$u_A(x)$ 和 $v_A(x)$ 分别表示元素 x 属于 X 的隶属度和非隶属度，$u_A:X\to[0,1]$ 及 $v_A:X\to[0,1]$，并满足 $0\leqslant u_A(x)+v_A(x)\leqslant 1$，$(x\in X)$。此外，$\pi_A(x)=1-u_A(x)-v_A(x)$ 表示元素 x 属于 X 的犹豫度且 $\pi_A:X\to[0,1]$。通常称 $\langle u_A(x),v_A(x)\rangle$ 为直觉模糊数，且常被定义为 $\langle u,v\rangle$，$u\in[0,1]$，$v\in[0,1]$，$0\leqslant u+v\leqslant 1$。

### 10.3.4 直觉模糊集的集对分析联系数化

设 $X=\{x_1,x_2,\cdots,x_n\}$ 是非空论域，$A=\langle u_A(x),v_A(x)\rangle$ 是论域 X 的直觉模糊数，且对于任何 $x_t\in X$ 都有 $u_A(x_t)>0$，则集对分析联系数 μ 的计算公式为：

$$\mu=a_A(x_t)+b_A(x_t)i+c_A(x_t)j \tag{10.4}$$

其中，$a_A(x_t)=u_A(x_t)(1-v_A(x_t)),b_A(x_t)=1-u_A(x_t)(1-v_A(x_t))-v_A(x_t)(1-u_A(x_t)),c_A(x_t)=v_A(x_t)(1-u_A(x_t))$。

### 10.3.5 集对分析联系数的直觉模糊数化

根据集对分析与直觉模糊集理论的几何意义以及直觉模糊集的集对分析联系数化思想（见图 10.1），反向推出集对分析联系数向直觉模糊数转化的计算公式。即由直觉模糊集 $A=\{\langle x,u_A(x_t),v_A(x_t)\rangle|x\in X\}$ 与集对分析 $\mu=\{\langle x_t,a_A(x_t)+b_A(x_t)i+c_A(x_t)j\rangle|x_t\in X\}$：

$$u_A(x_t)=a_A(x_t)(1-c_A(x_t)) \tag{10.5}$$

$$\pi_A(x_t)=1-a_A(x_t)(1-c_A(x_t))-c_A(x_t)(1-a_A(x_t)) \tag{10.6}$$

$$v_A(x_t)=c_A(x_t)(1-a_A(x_t)) \tag{10.7}$$

其中，$u_A(x_t)$、$\pi_A(x_t)$、$v_A(x_t)$ 分别表示元素 $x_t$ 在论域 X 上的隶属度、犹豫度与非隶属度。

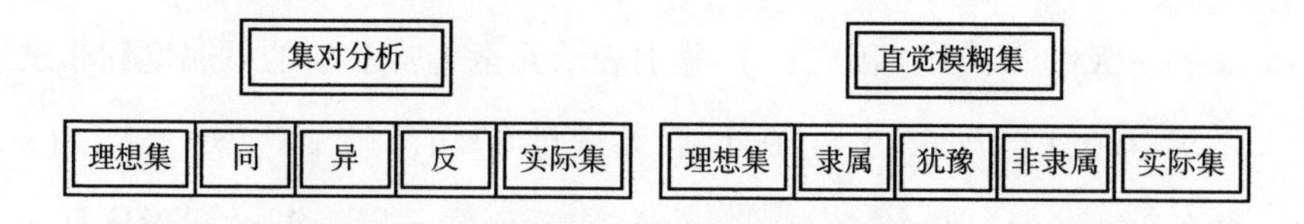


图 10.1 集对分析与直觉模糊集几何概念

### 10.3.6　直觉模糊集 TOPSIS 分析法

逼近理想解 TOPSIS 法又称优劣解距离法，是黄（Hwang）和尹（Yoon）于 1981 年首次提出的一种综合评价方法，在多目标决策分析中应用比较广泛。其基本原理是通过检测评价对象与最优解、最劣解的距离来进行排序，若其中一个评价对象最靠近最优解的同时又最远离最劣解，则该评价对象是备选研究对象中的最优研究目标；否则为最差。其中的“理想解”和“负理想解”是 TOPSIS 理论的两个基本概念，即理想解是一设想的最优解，它的各个属性值都达到各备选方案中的最好值；而负理想解是一设想的最劣解，它的各个属性值都达到各备选方案中最坏的值。具体为根据有限个对象与理想化目标的接近程度进行排序的测度方法。假设决策问题有 a 个备选项，每个备选项有 b 个属性，直觉模糊集初始判断矩阵为 $R=[r_{\alpha\beta}]_{a\times b}=\langle u_{\alpha\beta},v_{\alpha\beta}\rangle$，其中，$\alpha=1,2,\cdots,a$，$\beta=1,2,\cdots,b$。则有：

确定直觉模糊集正理想解与负理想解：

$$A_\beta^+=\langle u_\beta^+,v_\beta^+\rangle=\langle \max_\alpha u_{\alpha\beta},\min_\alpha v_{\alpha\beta}\rangle \tag{10.8}$$

$$A_\beta^-=\langle u_\beta^-,v_\beta^-\rangle=\langle \min_\alpha u_{\alpha\beta},\max_\alpha v_{\alpha\beta}\rangle$$

其直觉模糊集中的正负理想解分别为隶属度的最大临界值与非隶属度的最小临界值。

测算每个隶属度和非隶属度分别到正理想解与负理想解间的距离尺度：

$$D_{\alpha\beta}^+=\sqrt{(u_\beta^+-u_{\alpha\beta})^2+(v_\beta^+-v_{\alpha\beta})^2} \tag{10.9}$$

$$D_{\alpha\beta}^-=\sqrt{(u_\beta^--u_{\alpha\beta})^2+(v_\beta^--v_{\alpha\beta})^2} \tag{10.10}$$

测算第 α 个备选项第 β 个属性值距离理想解得分：

$$D_{\alpha\beta}=\frac{D_{\alpha\beta}^-}{D_{\alpha\beta}^++D_{\alpha\beta}^-} \tag{10.11}$$

定义第 α 个备选项的综合得分：

$$D_{\alpha} = \sum_{\beta=1}^{b} D_{\alpha\beta} w_{\beta}, \alpha = 1,2,\cdots,a, \beta = 1,2,\cdots,b \tag{10.12}$$

其中，$w_{\beta}$ 为每一个属性的客观权重；$0 \leqslant D_{\alpha} \leqslant 1$，当 $D_{\alpha}=0$，此备选项为最劣选项；当 $D_{\alpha}=1$，此备选项为最优选项。因此，根据 $D_{\alpha}$ 的值对备选项进行排序，$D_{\alpha}$ 值最大的备选项即为最优决策选项。

### 10.3.7 直觉模糊集距离测度

借鉴欧氏距离、汉明距离以及豪斯多夫距离的理论思想以及加格等（Garg et al.，2018）的研究成果，推导两直觉模糊集间的权重距离公式。设 $A=\{\langle x,u_A(x_t),v_A(x_t)\rangle | x \in X\}$、$B=\{\langle x,u_A(x_t),v_A(x_t)\rangle | x \in X\}$ 分别是 A、B 在论域 X 中的两个直觉模糊集，并设 $\omega_t$ 为不同直觉模糊集的权重，$\omega_t>0$ 且对于存在的所有元素 $x_t \in X$，$\sum_{t=1}^{n} \omega_t = 1$，则直觉模糊集 A、B 间的欧式距离公式为：

$$d^1(A,B) = \left(\frac{1}{3n}\sum_{t=1}^{n}\omega_t\{|u_A(x_t)-u_B(x_t)|^2+|v_A(x_t)-v_B(x_t)|^2 + |\pi_A(x_t)-\pi_B(x_t)|^2\}\right)^{\frac{1}{2}} \tag{10.13}$$

汉明距离公式为：

$$d^2(A,B) = \frac{1}{3n}\sum_{t=1}^{n}\omega_t\{|u_A(x_t)-u_B(x_t)|+|v_A(x_t)-v_B(x_t)| + |\pi_A(x_t)-\pi_B(x_t)|\} \tag{10.14}$$

豪斯多夫距离公式为：

$$d^3(A,B) = \frac{1}{n}\sum_{t=1}^{n}\omega_t\{\max\{|u_A(x_t)-u_B(x_t)|,|v_A(x_t)-v_B(x_t)|, |\pi_A(x_t)-\pi_B(x_t)|\}\} \tag{10.15}$$

# 10.4　甘肃省总体生态安全评价结果分析

## 10.4.1　决策步骤

步骤 1：确定权重。依据甘肃省生态环境与社会经济状况，查询甘肃省 2012 ~ 2019 年生态安全评价指标数据。假设共有 m 个评价指标，时间跨度为 n，其中，每个评价指标的五元等级即为该指标的备选项 t，对指标数据进行无量纲化，根据熵权法确定每个指标的权重 $\omega_i$。

步骤 2：测算集对分析联系数。结合集对分析五元联系数理论、表 10.2 生态安全指标等级划分和表 10.3 集对分析五元联系数，测算生态安全综合评价指标的集对分析联系数集矩阵 H 以及每个指标理想值的联系度 $H^*$：

$$H_l = \begin{pmatrix} \mu_{11} = a_{11} + b_{11}i + c_{11}j & \mu_{12} = a_{12} + b_{12}i + c_{12}j & \cdots & \mu_{15} = a_{1t} + b_{1t}i + c_{1t}j \\ \mu_{21} = a_{21} + b_{21}i + c_{21}j & \mu_{22} = a_{22} + b_{22}i + c_{22}j & \cdots & \mu_{25} = a_{2t} + b_{2t}i + c_{2t}j \\ \vdots & \vdots & \ddots & \vdots \\ \mu_{m1} = a_{m1} + b_{m1}i + c_{m1}j & \mu_{m2} = a_{m2} + b_{m2}i + c_{m2}j & \cdots & \mu_{m5} = a_{mt} + b_{mt}i + c_{mt}j \end{pmatrix} \tag{10.16}$$

$$H^* = \begin{pmatrix} \mu_1^* = a_1^* + b_1^* i + c_1^* j \\ \mu_2^* = a_2^* + b_2^* i + c_2^* j \\ \vdots \\ \mu_m^* = a_m^* + b_m^* i + c_m^* j \end{pmatrix} \tag{10.17}$$

其中，$k = 1, 2, \cdots, m$，$t = 1, 2, \cdots, 5$，$l = 1, 2, \cdots, n$，$b_{mt}i = b_{mt}i^-$ 或者 $b_{mt}i = b_{mt}i^+$，即弱差异或强差异；$c_{mt}i = c_{mt}i^-$ 或者 $c_{mt}i = c_{mt}i^+$，即弱对立或者强对立。

步骤 3：测算直觉模糊数。根据集对分析联系数的模糊数化，测算各评价指标的直觉模糊数、直觉模糊决策矩阵 D、理想直觉模糊数 $D^*$：

$$D_1 = \begin{pmatrix} \langle u_{11}, v_{11} \rangle & \langle u_{12}, v_{12} \rangle & \cdots & \langle u_{15}, v_{15} \rangle \\ \langle u_{21}, v_{21} \rangle & \langle u_{22}, v_{22} \rangle & \cdots & \langle u_{25}, v_{25} \rangle \\ \vdots & \vdots & \ddots & \vdots \\ \langle u_{m1}, v_{m1} \rangle & \langle u_{m2}, v_{m2} \rangle & \cdots & \langle u_{m5}, v_{m5} \rangle \end{pmatrix} \tag{10.18}$$

$$D^* = \begin{pmatrix} \langle u_1^*, v_1^* \rangle \\ \langle u_2^*, v_2^* \rangle \\ \vdots \\ \langle u_m^*, v_m^* \rangle \end{pmatrix} \tag{10.19}$$

步骤4：测算直觉模糊集综合得分。依据逼近理想解TOPSIS分析法，确定直觉模糊集正负理想解、各个备选项在各指标中的得分矩阵以及各备选项的综合得分矩阵：

$$A^+ = (\langle u_1^+, v_1^+ \rangle \quad \langle u_2^+, v_2^+ \rangle \quad \cdots \quad \langle u_m^+, v_m^+ \rangle) \tag{10.20}$$

$$A^- = (\langle u_1^-, v_1^- \rangle \quad \langle u_2^-, v_2^- \rangle \quad \cdots \quad \langle u_m^-, v_m^- \rangle) \tag{10.21}$$

$$D_1^1 = \begin{pmatrix} D_{11} & D_{12} & \cdots & D_{15} \\ D_{21} & D_{22} & \cdots & D_{25} \\ \vdots & \vdots & \ddots & \vdots \\ D_{m1} & D_{m2} & \cdots & D_{m5} \end{pmatrix} \tag{10.22}$$

$$D_1^2 = (D_1 \quad D_2 \quad \cdots \quad D_t) \tag{10.23}$$

步骤5：利用式（10.20）、式（10.21）两直觉模糊集间的距离测度$d^1$、$d^2$、$d^3$，测算每个评价指标的直觉模糊数与理想直觉模糊数间的欧式距离、汉明距离以及豪斯多夫距离，其中，理想直觉模糊数为该等级区间的完全隶属度或完全非隶属度，即：

$$A^+ = (\langle 1_1, 0_1 \rangle \quad \langle 1_2, 0_2 \rangle \quad \cdots \quad \langle 1_m, 0_m \rangle) \tag{10.24}$$

$$A^- = (\langle 0_1, 1_1 \rangle \quad \langle 0_2, 1_2 \rangle \quad \cdots \quad \langle 0_m, 1_m \rangle) \tag{10.25}$$

步骤6：确定最优改进理论。将基于集对分析改进—直觉模糊集—

TOPSIS法得到的甘肃省2012～2019年生态安全评价结果与传统欧氏距离、汉明距离、豪斯多夫距离以及集对分析集对势综合评价结果进行对比分析。

### 10.4.2　生态安全评价指标权重计算

依据步骤1，甘肃省总体生态安全评估指标数据进行赋权，具体结果如表10.4所示。

**表10.4**　　**生态安全评价指标权重**

| 收益型 | | 成本型 | |
|---|---|---|---|
| 指标 | 权重 | 指标 | 权重 |
| X1 | 0.0169 | X11 | 0.0369 |
| X2 | 0.0484 | X12 | 0.0257 |
| X3 | 0.0516 | X13 | 0.0456 |
| X4 | 0.0545 | X14 | 0.0228 |
| X5 | 0.0467 | X15 | 0.0196 |
| X6 | 0.0484 | X16 | 0.0409 |
| X7 | 0.0381 | X17 | 0.0635 |
| X8 | 0.0290 | X18 | 0.0293 |
| X9 | 0.0334 | X19 | 0.0438 |
| X10 | 0.0458 | X20 | 0.0683 |
| | | X21 | 0.0814 |
| | | X22 | 0.0332 |
| | | X23 | 0.0405 |
| | | X24 | 0.0357 |

### 10.4.3　集对分析—直觉模糊集—TOPSIS测度

首先，通过步骤2对指标数据进行集对分析联系数的测算，得出联系数矩阵$H_1$以及理想联系数矩阵$H^*$；其次，根据步骤3集对分析联系数的模糊数化，得出直觉模糊数矩阵 $D_1$；最后，通过步骤 4 得出甘肃省 2012～2019 年生态环境安全状况直觉模糊数与理想直觉模糊数的 TOPSIS 综合评分矩阵 $D_1^2$，具体结果如表 10.5 所示。

**表 10.5　　　　集对分析改进的直觉模糊集 TOPSIS 测度**

| 年份 | 轻微 | 普通 | 中等 | 严重 | 极其严重 |
|---|---|---|---|---|---|
| 2012 | $D_1=0.607778$ | $D_2=0.722307$ | $D_3=0.754210$ | $D_4=0.730209$ | $D_5=0.666834$ |
| 2013 | $D_1=0.609221$ | $D_2=0.714221$ | $D_3=0.733091$ | $D_4=0.726542$ | $D_5=0.676306$ |
| 2014 | $D_1=0.622055$ | $D_2=0.726005$ | $D_3=0.731103$ | $D_4=0.706335$ | $D_5=0.661026$ |
| 2015 | $D_1=0.625227$ | $D_2=0.722261$ | $D_3=0.725017$ | $D_4=0.701403$ | $D_5=0.650716$ |
| 2016 | $D_1=0.648363$ | $D_2=0.722912$ | $D_3=0.709786$ | $D_4=0.701112$ | $D_5=0.643300$ |
| 2017 | $D_1=0.667808$ | $D_2=0.720396$ | $D_3=0.707601$ | $D_4=0.695318$ | $D_5=0.626215$ |
| 2018 | $D_1=0.684039$ | $D_2=0.742615$ | $D_3=0.703385$ | $D_4=0.678008$ | $D_5=0.619719$ |
| 2019 | $D_1=0.689226$ | $D_2=0.753313$ | $D_3=0.720792$ | $D_4=0.672014$ | $D_5=0.603001$ |

结合表 10.5，根据逼近理想解 TOPSIS 理论综合结果越大越好原则，可以得出：甘肃省 2012～2015 年生态环境安全综合评价结果为 $D_3$，生态安全等级具体为中等；2016～2019 年生态环境综合评价结果为 $D_2$，生态环境安全状况达到普通等级。依据甘肃省 2012～2019 年生态环境状况综合评估结果可以看出，甘肃省近些年来生态环境整体状况逐渐改善，生态安全等级逐渐提高，环境质量不断上升。其中，2012～2013 年甘肃省生态环境安全综合评估结果虽为 $D_3$，但其结果与 $D_4$ 更为接近，说明 2012～2013 年甘肃省生态环境安全等级为中等，但是其生态环境状况更加接近于严重等级所代表的生态环境状况，生态环境质量不高，特别是在林业保护、农林水财政支出、科研试验、项目申请、农用化肥使用、空气质量、农业废气排放等方面需提升关注程度、各方面采取有效措施，减轻生态建设压力。2014～2015 年甘肃省生态环境综合评估结果虽为 $D_3$，但接近于 $D_2$，生态环境状况有所改善。2016～2017 年甘肃省生态环境综合评估结果虽为 $D_2$，但接近于 $D_3$，生态环境质量有所提高，但整体状况与中等安全等级的生态环境状况接近。2018～2019 年甘肃省生态环境综合评估结果为 $D_2$，安全等级为普通，表明甘肃省

紧紧围绕国家生态安全战略部署，生态建设成效显著，但其生态安全等级均接近于 $D_3$ 所代表的中等等级，生态环境仍需加强建设。

依据甘肃省生态环境安全综合评估指标数据可以得出：2012～2019 年甘肃省生态环境收益型指标空气质量达二级以上天数占比、电力、热力、燃气及水生产和供应业投资占比波动变化较大；建成区绿化覆盖率、城市燃气普及率提升明显。成本型指标旱涝灾害受灾面积占比、可吸入颗粒物年均浓度以及私人汽车拥有量增长率波动变化明显；单位耕地面积化肥使用量、二氧化硫、二氧化氮年均浓度、工业废水排放量占比、工业废水化学需氧量排放量占比等指标下降明显。综合指标变化趋势，根据空气质量达二级以上天数、可吸入颗粒物年均浓度变化趋势可以看出，甘肃省大气环境质量不够稳定，时有起伏，工业烟（粉）尘排放量占比较高，政府应加强监督工业企业废气排放是否达标、农作物秸秆焚烧等，积极促进植树造林、退耕还林、合理规划放牧，降低沙尘等不良天气的发生概率，注重空气质量的检测与治理。由有效灌溉面积占比、居民生活用水占比等指标变化可以得出，甘肃省政府应继续积极推行节水环保政策，强化节水宣传，合理配置水资源，提升农业用水效率。由私人汽车拥有量占比、建筑业总产值比例、人均 GDP 增长率、工业废水化学需氧量排放量占比、第二产业生产总值占比等指标变化趋势可以看出，甘肃省近年来经济发展较快，居民生活水平提高，私家车拥有量增长较大，工业发展势头迅猛，但对生态环境保护方面的压力增大，政府应促进私家车限号出行政策、强化监督，在进行经济建设的同时，注重生态城市的发展。由研究与试验发展（R&D）经费内部支出占比、项目课题经费内部支出占比等指标变化趋势可以看出，甘肃省在科学研究方面虽有发展，但支持力度相对不大，省政府应持续推进科研福利改革，多方面引进、培养人才。

### 10.4.4　集对分析—直觉模糊数欧式距离测度

首先根据步骤 2 对指标数据进行集对分析联系数的测算，得出联系数矩

阵 $H_1$ 以及理想联系数矩阵 $H^*$；其次根据步骤 3 集对分析联系数的模糊数化，得出直觉模糊数矩阵 $D_1$ 以及理想模糊数矩阵 $D^*$；最后通过步骤 5 得出甘肃省 2012 ~ 2019 年生态环境安全状况直觉模糊数与理想直觉模糊数的欧式距离 $d_{lt}^1$，具体结果如表 10.6 所示。

**表 10.6　　集对分析改进的直觉模糊集欧式距离测度**

| 年份 | 轻微 | 普通 | 中等 | 严重 | 极其严重 |
|---|---|---|---|---|---|
| 2012 | $d_1^1=0.098437$ | $d_2^1=0.081610$ | $d_3^1=0.074394$ | $d_4^1=0.077152$ | $d_5^1=0.090351$ |
| 2013 | $d_1^1=0.098612$ | $d_2^1=0.084129$ | $d_3^1=0.077031$ | $d_4^1=0.077482$ | $d_5^1=0.088990$ |
| 2014 | $d_1^1=0.096551$ | $d_2^1=0.081539$ | $d_3^1=0.077391$ | $d_4^1=0.080846$ | $d_5^1=0.091762$ |
| 2015 | $d_1^1=0.095842$ | $d_2^1=0.081713$ | $d_3^1=0.077777$ | $d_4^1=0.081578$ | $d_5^1=0.092718$ |
| 2016 | $d_1^1=0.093081$ | $d_2^1=0.082128$ | $d_3^1=0.079762$ | $d_4^1=0.083301$ | $d_5^1=0.093799$ |
| 2017 | $d_1^1=0.091103$ | $d_2^1=0.081255$ | $d_3^1=0.080738$ | $d_4^1=0.084695$ | $d_5^1=0.095672$ |
| 2018 | $d_1^1=0.088364$ | $d_2^1=0.078714$ | $d_3^1=0.081588$ | $d_4^1=0.087232$ | $d_5^1=0.097018$ |
| 2019 | $d_1^1=0.087109$ | $d_2^1=0.076021$ | $d_3^1=0.079421$ | $d_4^1=0.087713$ | $d_5^1=0.099725$ |

结合表 10.6，根据集对分析改进的直觉模糊集欧式距离贴近度最小原则，可以得出：甘肃省 2012 ~ 2017 年生态环境安全综合评估结果为 $d_3^1$，生态安全等级为中等，但 2012 ~ 2015 年甘肃省生态安全评估结果虽为 $d_3^1$，但更接近于 $d_4^1$，即更接近于严重等级所代表的生态环境质量，生态环境状况不容乐观；2016 ~ 2017 年甘肃省生态环境安全综合评估结果虽为 $d_3^1$，但更接近于 $d_2^1$，即接近于普通等级所代表的生态环境质量，生态环境状况有所改善。2018 ~ 2019 年甘肃省生态环境安全综合评价结果为 $d_2^1$，生态安全等级为普通，但更接近于 $d_3^1$，即中等生态安全等级，生态环境建设虽然有了较大的发展，环境质量提升明显，但生态环境总体应对自然灾害的能力不强，旱涝灾害严重，空气质量指标如可吸入颗粒物、二氧化氮年均浓度均未达到国家规定的一级浓度限值。因此，甘肃省政府应继续响应党中央的号召，提升自然资源的能源利用效率，减小损耗，合理降低石化能源的开发与消费量，开发利用新型清洁能源例如天然气、电力等作为机械能源，促进城市生态建设，发展城乡融合生态圈。

### 10.4.5　集对分析—直觉模糊数汉明距离测度

首先根据步骤 3 集对分析联系数的模糊数化，得出直觉模糊数矩阵 $D_l$ 以及理想模糊数矩阵 $D^*$；其次通过步骤 5 得出甘肃省 2012 ~ 2019 年生态环境安全状况直觉模糊数与理想直觉模糊数的汉明距离 $d_{lt}^2$，具体结果如表 10.7所示。

表 10.7　　集对分析改进的直觉模糊集汉明距离测度

| 年份 | 轻微 | 普通 | 中等 | 严重 | 极其严重 |
|---|---|---|---|---|---|
| 2012 | $d_1^2=0.016050$ | $d_2^2=0.011836$ | $d_3^2=0.010695$ | $d_4^2=0.011365$ | $d_5^2=0.013528$ |
| 2013 | $d_1^2=0.015972$ | $d_2^2=0.012210$ | $d_3^2=0.011514$ | $d_4^2=0.011432$ | $d_5^2=0.013041$ |
| 2014 | $d_1^2=0.015433$ | $d_2^2=0.011640$ | $d_3^2=0.011590$ | $d_4^2=0.012342$ | $d_5^2=0.013676$ |
| 2015 | $d_1^2=0.015270$ | $d_2^2=0.011829$ | $d_3^2=0.011861$ | $d_4^2=0.012542$ | $d_5^2=0.014099$ |
| 2016 | $d_1^2=0.014292$ | $d_2^2=0.011882$ | $d_3^2=0.012530$ | $d_4^2=0.012496$ | $d_5^2=0.014271$ |
| 2017 | $d_1^2=0.013526$ | $d_2^2=0.012004$ | $d_3^2=0.012639$ | $d_4^2=0.012679$ | $d_5^2=0.014925$ |
| 2018 | $d_1^2=0.012826$ | $d_2^2=0.011010$ | $d_3^2=0.012843$ | $d_4^2=0.013455$ | $d_5^2=0.015170$ |
| 2019 | $d_1^2=0.012710$ | $d_2^2=0.010556$ | $d_3^2=0.012049$ | $d_4^2=0.013693$ | $d_5^2=0.015938$ |

结合表 10.7，根据集对分析改进的直觉模糊集汉明距离贴近度最小原则，可以得出：甘肃省 2012 年生态环境安全评估结果为 $d_3^2$，生态环境安全等级为中等；2013 年甘肃省生态环境综合评估结果虽为 $d_4^2$，生态安全等级为严重；2014 年甘肃省生态环境状况综合评估结果虽为 $d_3^2$，为普通安全等级，在经过甘肃省政府与人民的努力建设后，生态环境状况有所改善；2015 ~ 2019 年甘肃省生态环境状况综合评估结果为 $d_2^2$，安全等级为普通，生态环境建设效果明显，环境质量有所提高，但其结果相对接近于 $d_3^2$，即中等安全等级，表明甘肃省生态环境仍需加强保护与建设，在大力发展经济的同时，也需注重经济社会与生态环境的协调发展。

### 10.4.6 集对分析—直觉模糊集豪斯多夫距离测度

结合表 10.1 甘肃省生态安全评价指标数据以及表 10.4 权重数据，首先根据步骤 3 集对分析联系数的模糊数化，得出直觉模糊数矩阵 $D_1$ 以及理想模糊数矩阵 $D^*$；其次通过步骤 5 得出甘肃省 2012 ~2019 年生态环境安全状况直觉模糊数与理想直觉模糊数间的豪斯多夫距离 $d_{lt}^2$，具体结果如表 10.8 所示。

表 10.8　　集对分析—直觉模糊集豪斯多夫距离测度

| 年份 | 轻微 | 普通 | 中等 | 严重 | 极其严重 |
|---|---|---|---|---|---|
| 2012 | $d_1^3=0.024075$ | $d_2^3=0.017754$ | $d_3^3=0.016042$ | $d_4^3=0.017048$ | $d_5^3=0.020291$ |
| 2013 | $d_1^3=0.023957$ | $d_2^3=0.018315$ | $d_3^3=0.017270$ | $d_4^3=0.017148$ | $d_5^3=0.019561$ |
| 2014 | $d_1^3=0.023149$ | $d_2^3=0.017461$ | $d_3^3=0.017385$ | $d_4^3=0.018513$ | $d_5^3=0.020515$ |
| 2015 | $d_1^3=0.022905$ | $d_2^3=0.017743$ | $d_3^3=0.017791$ | $d_4^3=0.018813$ | $d_5^3=0.021149$ |
| 2016 | $d_1^3=0.021438$ | $d_2^3=0.017823$ | $d_3^3=0.018795$ | $d_4^3=0.018744$ | $d_5^3=0.021407$ |
| 2017 | $d_1^3=0.020290$ | $d_2^3=0.018006$ | $d_3^3=0.018959$ | $d_4^3=0.019019$ | $d_5^3=0.022387$ |
| 2018 | $d_1^3=0.019239$ | $d_2^3=0.016515$ | $d_3^3=0.019264$ | $d_4^3=0.020183$ | $d_5^3=0.022755$ |
| 2019 | $d_1^3=0.019065$ | $d_2^3=0.015834$ | $d_3^3=0.018074$ | $d_4^3=0.013693$ | $d_5^3=0.023907$ |

结合表 10.8，根据集对分析改进的直觉模糊集豪斯多夫距离最小原则，可以得出：甘肃省 2012 年生态环境安全综合评估结果为 $d_3^3$，生态安全等级为中等，2013 年甘肃省生态安全评估结果虽为 $d_4^3$，即严重安全等级，环境状况有所恶化；2014 ~2019 年甘肃省生态环境安全综合评估结果逐渐由 $d_3^3$ 转变为 $d_2^3$，即由中等安全等级逐渐改善至普通，生态环境质量有所提高。但 2015 ~2019 年生态环境安全综合评价结果为 $d_2^3$，甘肃省围绕国家生态安全战略，制定实施一系列环保举措效果凸显，但其结果接近于 $d_3^3$，即中等生态安全等级，生态环境状况并未达到满足人民美好生活需要的程度，沙尘天气时有发生，土地沙化严重，资源利用效率不高，生态环境建设仍需政府与人民的坚持与努力。

### 10.4.7　集对分析集对势测度

根据表 10.1 生态环境安全等级评价指标数据、表 10.2 生态安全指标等级划分、表 10.3 集对分析五元联系度以及集对分析基本理论概念，对甘肃省生态环境安全等级进行综合评估，具体结果如表 10.9 所示。

表 10.9　集对分析集对势测度

| 年份 | 轻微 | 普通 | 中等 | 严重 | 极其严重 |
|---|---|---|---|---|---|
| 2012 | SHI($\mu_1$) = 0.6560 | SHI($\mu_2$) = 0.8063 | SHI($\mu_3$) = 0.8977 | SHI($\mu_4$) = 0.8623 | SHI($\mu_5$) = 0.7167 |
| 2013 | SHI($\mu_1$) = 0.6526 | SHI($\mu_2$) = 0.7923 | SHI($\mu_3$) = 0.8849 | SHI($\mu_4$) = 0.8504 | SHI($\mu_5$) = 0.7244 |
| 2014 | SHI($\mu_1$) = 0.6737 | SHI($\mu_2$) = 0.8036 | SHI($\mu_3$) = 0.8759 | SHI($\mu_4$) = 0.8353 | SHI($\mu_5$) = 0.7024 |
| 2015 | SHI($\mu_1$) = 0.6755 | SHI($\mu_2$) = 0.8076 | SHI($\mu_3$) = 0.8685 | SHI($\mu_4$) = 0.8239 | SHI($\mu_5$) = 0.6957 |
| 2016 | SHI($\mu_1$) = 0.6972 | SHI($\mu_2$) = 0.8135 | SHI($\mu_3$) = 0.8615 | SHI($\mu_4$) = 0.8011 | SHI($\mu_5$) = 0.6836 |
| 2017 | SHI($\mu_1$) = 0.7131 | SHI($\mu_2$) = 0.8239 | SHI($\mu_3$) = 0.8544 | SHI($\mu_4$) = 0.7847 | SHI($\mu_5$) = 0.6668 |
| 2018 | SHI($\mu_1$) = 0.7307 | SHI($\mu_2$) = 0.8306 | SHI($\mu_3$) = 0.8645 | SHI($\mu_4$) = 0.7696 | SHI($\mu_5$) = 0.6514 |
| 2019 | SHI($\mu_1$) = 0.7434 | SHI($\mu_2$) = 0.8546 | SHI($\mu_3$) = 0.8665 | SHI($\mu_4$) = 0.7649 | SHI($\mu_5$) = 0.6350 |

结合表 10.9，根据集对分析集对势最大理论，可以得出：甘肃省 2012 ~ 2019 年生态环境状况综合评估结果均为 SHI($\mu_3$)，生态安全等级为中等，生态环境状况不容乐观。其中，2012 ~ 2015 年甘肃省生态安全综合评估结果虽为 SHI($\mu_3$)，但更接近于 SHI($\mu_4$)，即严重生态安全等级，生态环境质量较低，工业废物综合利用率不高，环境污染严重，水资源、矿产资源开发利用较大，清洁能源的适用领域较为局限，生态环境状况令人担忧；2016 ~ 2019 年甘肃省生态环境状况综合评估结果虽仍为 SHI($\mu_3$)，但接近于 SHI($\mu_2$)，生态环境质量不断提高，环保治理成效显著。

### 10.4.8　各测度结果及集对分析集对势测度结果对比分析

将集对分析改进的直觉模糊集 TOPSIS 测度与集对分析—直觉模糊集欧

氏距离测度、汉明距离测度以及集对分析集对势测度生态安全等级综合评价结果进行对比分析，具体如表 10.10 所示。

**表 10.10　　　　生态安全不同测度综合评估结果对比**

| 类别 | 2012 年 | 2013 年 | 2014 年 | 2015 年 | 2016 年 | 2017 年 | 2018 年 | 2019 年 |
|---|---|---|---|---|---|---|---|---|
| 集对分析—直觉模糊集 TOPSIS 距离测度 | 中等 | 中等 | 中等 | 中等 | 普通 | 普通 | 普通 | 普通 |
| 集对分析—直觉模糊集欧式距离测度 | 中等 | 中等 | 中等 | 中等 | 中等 | 中等 | 普通 | 普通 |
| 集对分析—直觉模糊集汉明距离测度 | 中等 | 严重 | 中等 | 普通 | 普通 | 普通 | 普通 | 普通 |
| 集对分析—直觉模糊集—豪斯多夫距离 | 中等 | 严重 | 中等 | 普通 | 普通 | 普通 | 普通 | 普通 |

根据表 10.10 可以得出，结合甘肃省 2012 ~ 2019 年生态环境与经济社会发展综合指标数据，基于集对分析改进的直觉模糊集逼近理想解 TOPSIS 生态安全评估方法能够较好地对甘肃省生态环境状况进行综合评估，其安全等级综合评价结果能够较为清晰地反映甘肃省 2012 ~ 2019 年生态环境状况的变化趋势。其中，基于集对分析改进的直觉模糊集 TOPSIS 法对甘肃省 2012 ~ 2019 年生态安全状况进行综合评价，其结果与传统贴近度测度方法欧氏距离、汉明距离以及豪斯多夫距离的评价结果大致相同，即甘肃省生态环境安全状况大致由 2012 年严重等级逐渐改善提高到 2019 年普通等级，生态环境建设效果显著，而集对分析集对势的综合评估结果均为中等安全等级，未能较清晰地反映甘肃省 2012 ~ 2019 年生态环境状况的变化趋势。

在实际应用方面，根据集对分析改进的直觉模糊集—逼近理想解法距离测度方法，2012 ~ 2015 年甘肃省生态环境安全状况综合评估结果为中等等级，由接近严重等级逐渐改善为接近普通安全等级，2016 ~ 2019 年甘肃省生态环境安全状况为普通，在轻微等级上的综合贴进度逐年上升，且通过根据各安全等级间的接近程度，能够反映出甘肃省 2013 年由于自然灾害等因素影响，环境状况有所下降，相比于其他改进方法，其结果最为接近已有评估方法集对分析集对势的评估结果，更为贴合实际，综合评估结果能够较好地反映甘肃省生态环境状况的变化波动趋势。

在理论方面，逼近理想解 TOPSIS 理论相比于以上其他距离贴进度，具有提取原始数据的信息更加充分、反映各个研究对象间的差异更加客观的优点，能够较优地达到集中反映总体情况和综合分析评价目的，普适性较强。故基于集对分析改进的直觉模糊集—逼近理想解 TOPSIS 生态安全等级综合评价方法具有较强的实用性、科学性与合理性，其评价结果能够清晰地反映甘肃省 2012 ~2019 年生态环境状况的恶化、改善变化趋势，本书将其确定为最优改进的直觉模糊集理论，将其应用于甘肃省区域生态安全综合评价分析中。

### 10.4.9　小结

本章首先依据甘肃省总体 2012 ~2019 年生态环境状况构建生态安全评价指标体系，并结合熵值法测算各指标权重指数；其次结合集对分析理论、生态安全指标等级划分，测算生态安全综合评价指标的集对分析联系数集矩阵以及每个指标理想值的联系度；再其次根据集对分析联系数的模糊数化，测算各评价指标的直觉模糊决策矩阵、理想直觉模糊数矩阵，并通过逼近理想解 TOPSIS 分析法，确定直觉模糊集正负理想解、各个备选项在各指标中的得分矩阵以及各备选项的综合得分矩阵；最后测算每个评价指标的直觉模糊数与理想直觉模糊数间的欧式距离、汉明距离以及豪斯多夫距离，并将基于集对分析—直觉模糊集—TOPSIS 法得到的甘肃省 2012 ~2019 年生态安全评价结果与传统欧氏距离、汉明距离、豪斯多夫距离等贴近度以及集对分析集对势测度综合评价结果进行对比分析。结果表明，依据各距离贴近度改进集对分析—直觉模糊集理论，甘肃省 2012 ~2019 年生态环境状况基本呈现改善趋势，生态安全等级逐渐上升，环境质量不断提高，而基于逼近理想解距离测度的集对分析—直觉模糊集生态安全综合评价方法能够科学、合理地对甘肃省生态环境状况进行综合评估，其结果具有良好的灵敏性、精确性。

## 10.5　甘肃省区域生态安全状况分析

### 10.5.1　甘肃省行政区划

甘肃省是内陆通往西部几乎所有重要省份和周边国家的门户，是西部重要的交通物流枢纽和文化交流要道，自古以来是中外交通交流交往的重要区域。截至 2018 年，甘肃省下辖 12 个地级市（兰州市、嘉峪关市、金昌市、白银市、天水市、武威市、张掖市、平凉市、酒泉市、庆阳市、定西市、陇南市），2 个自治州（临夏回族自治州、甘南藏族自治州）。

### 10.5.2　甘肃省地理区域划分

依据甘肃省地域状况、历史文化以及地理位置，参考甘肃省河西、陇中、陇南以及陇西地域区分，查阅相关文献，将甘肃省地区生态环境状况评估区域划分为北部、中部、东南部、南部以及西南部地区，其中，甘肃北部包括酒泉市、嘉峪关市、张掖市；中部包括金昌市、武威市、兰州市、白银市、定西市；东南部包括庆阳市、平凉市；南部包括陇南市、天水市；西南部包括甘南州、临夏州。

### 10.5.3　甘肃省地区生态环境安全评价指标权重计算

甘肃省各地州市高原山地分布不同，地势地貌复杂，自然资源分配不均，矿产资源分布大相径庭，各地州市经济发展与环境建设的侧重点不同，因此，结合甘肃省地区生态环境安全状况指标数据，根据熵值法理论，分别测算甘肃省各地州市生态环境状况评估指标权重。

### 10.5.4　甘肃省北部地区生态安全评价

依据甘肃省北部地区各地市生态环境与经济社会发展状况，根据表 10.1 甘肃省生态安全状况综合评价指标体系，查询相关指标数据。首先，根据熵权法理论与步骤 1，测算生态环境安全状况评价指标权重；其次，通过步骤 2 对指标数据进行集对分析联系数的测算，得出联系数矩阵 $H_1$ 以及理想联系数矩阵 $H^*$；再其次根据步骤 3 集对分析联系数的模糊数化，得出直觉模糊数矩阵 $D_1$；最后通过步骤 4 ~ 步骤 6 得出甘肃省北部地区各地市 2012 ~ 2019 年地区生态环境安全直觉模糊数与理想直觉模糊数的 TOPSIS 综合得分，具体结果如图 10.2 所示。

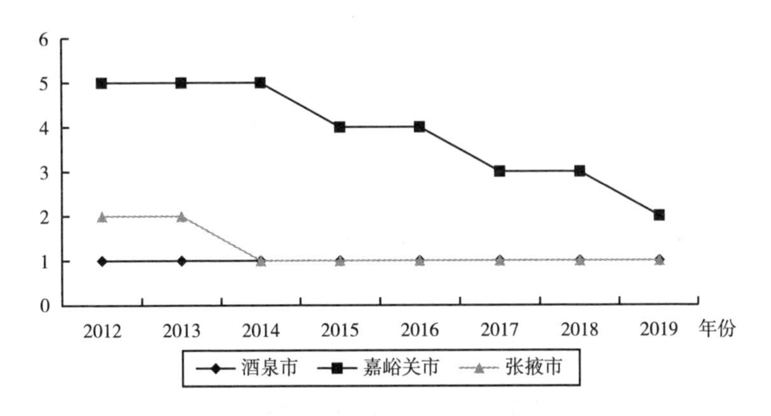


**图 10.2　甘肃省北部地区生态环境安全状况**

注：1 表示轻微；2 表示普通；3 表示中等；4 表示严重；5 表示极其严重。

由图 10.2 可以得出，甘肃省北部地区 2012 ~ 2019 年生态环境状况逐渐改善，变化明显。其中，酒泉市 2012 ~ 2019 年生态环境状况维持于轻微安全等级，生态安全状况良好且稳定；嘉峪关市 2012 ~ 2014 年生态环境状况为极其严重等级，2015 ~ 2019 年逐渐从严重安全等级转变为普通安全等级，其原因主要为受个别指标异常值的影响，例如，农林水财政支出占比、工业固体废物综合利用率、单位耕地面积化肥施用量等；张掖市 2012 ~ 2013 年生态安全状况维持于普通等级，2014 ~ 2019 年改善至轻微安全等级。总体上甘肃省北部地区生态环境建设成效显著，生态屏障建设落实良好。

甘肃省北部地区是通往新疆和西域的交通要塞、现代航天的“摇篮”、新中国石油工业和核工业的发祥地、国家西部重要的生态安全屏障、河西地区旅游重点城市、重要的商贸流通枢纽以及农副产品加工和能源基地。区内高山盆地交错，属大陆性气候明显，干燥寒冷，降水较少，矿产资源、清洁能源相对丰富。依据生态安全评估结果，甘肃省北部地区主要从以下四个方面进行加强环保建设：（1）保障土地生态资源的可持续发展，加强干旱自然灾害的应对能力，增设雨水收集、节水灌溉设施；（2）加强环保宣传，促进水资源的循环利用，提升公民生活垃圾分类意识，降低垃圾处理对环境的污染；（3）发展科学技术，提升工业企业废弃物的综合利用率，充分开发太阳能资源，提升居民对热力、燃气等清洁能源的需求，科学实施农用化肥，降低土壤污染程度，严格公路私家车限号政策，减少汽车尾气排放，保障大气环境安全；（4）促进防护林工程建设，以减少土地沙化状况以及降低沙尘天气的发生概率，完善环境突发情况的应急体系，最大限度地减少恶劣天气对生态环境的持续损害。

其中，嘉峪关市2012～2019年生态环境状况变化较大，则依据甘肃省嘉峪关市地区生态环境与经济社会发展状况，基于10.4.1节中步骤1～步骤6进行生态安全评估，具体结果如表10.11所示。

**表10.11　　嘉峪关市地区生态环境安全等级**

| 年份 | 轻微 | 普通 | 中等 | 严重 | 极其严重 |
|---|---|---|---|---|---|
| 2012 | $D_1=0.648027$ | $D_2=0.596388$ | $D_3=0.584583$ | $D_4=0.626964$ | $D_5=0.652048$ |
| 2013 | $D_1=0.637707$ | $D_2=0.585619$ | $D_3=0.568466$ | $D_4=0.622890$ | $D_5=0.664639$ |
| 2014 | $D_1=0.635988$ | $D_2=0.580569$ | $D_3=0.551382$ | $D_4=0.610096$ | $D_5=0.672879$ |
| 2015 | $D_1=0.603170$ | $D_2=0.604419$ | $D_3=0.607725$ | $D_4=0.611554$ | $D_5=0.609036$ |
| 2016 | $D_1=0.640039$ | $D_2=0.626486$ | $D_3=0.606045$ | $D_4=0.643758$ | $D_5=0.638504$ |
| 2017 | $D_1=0.680358$ | $D_2=0.660158$ | $D_3=0.682660$ | $D_4=0.626477$ | $D_5=0.611658$ |
| 2018 | $D_1=0.667863$ | $D_2=0.671327$ | $D_3=0.675151$ | $D_4=0.623004$ | $D_5=0.620172$ |
| 2019 | $D_1=0.662252$ | $D_2=0.669844$ | $D_3=0.643595$ | $D_4=0.616835$ | $D_5=0.616835$ |

结合表 10.11，根据逼近理想解 TOPSIS 理论综合评估结果越大越好原则，可以得出，嘉峪关市 2012～2014 年生态环境安全综合评价结果为 $D_5$，生态安全等级为极其严重；2015～2016 年生态环境综合评价结果为 $D_4$，生态环境安全状况为严重等级；2017～2018 年生态环境状况综合评价结果为 $D_3$，生态安全等级为中等等级；2019 年生态环境综合评价结果为 $D_2$，安全等级改善为普通等级。

依据嘉峪关市 2012～2019 年生态环境状况综合评估结果，总体可以看出，嘉峪关市近年来受其地理位置的局限，生态环境建设难度较大，但生态安全等级逐渐提高。其中，2012～2014 年嘉峪关市生态环境安全综合评估结果为极其严重，其林业增加值占比、农林水财政支出占比、科研经费支出等方面支持力度不足，单位耕地面积化肥使用量、工业废水排放量、工业烟尘排放量、第二产业生产总值等占比过大，生态安全状况不佳；2015～2018 年生态环境状况逐年改善，逐渐接近于中等安全等级；2019 年生态安全状况达到轻微等级，表明嘉峪关市在注重经济发展、社会建设的同时，在生态环境保护建设方面也获得了较大的成就。

### 10.5.5　甘肃省中部地区生态安全综合评价

依据甘肃省中部地区各地市生态环境与经济社会发展状况，根据表 10.1 甘肃省地区生态安全状况综合评价指标体系，查询相关指标数据。结合集对分析—直觉模糊集 TOPSIS 理论测算步骤，得出甘肃省中部地区各地市 2012～2019 年地区生态环境安全直觉模糊数与理想直觉模糊数的 TOPSIS 综合得分，具体结果如图 10.3 所示。

由图 10.3 可以得出，甘肃省中部地区生态环境状况逐年改善，其中，金昌市 2012～2014 年生态环境状况为严重等级，2015～2016 年转变为中等等级，2017～2019 年持续改善至普通安全等级；武威市 2012～2014 年生态环境状况维持在中等安全等级，2015～2017 年逐渐改善至轻微安全等级，2018～2019 年稳定与普通安全等级；兰州市 2012～2015 年生态环境状况为中等等级，2016～2017年环境状况有所下降，转变为严重等级，2018～2019年又恢复至中等等级；白银市2012～2017年生态环境状况维持于严重等级，环境状况不佳，2018～2019年转变为中等安全等级；定西市2012～2017年生态环境状况维持于普通安全等级，2018～2019年达到轻微安全等级，生态环境状况良好。

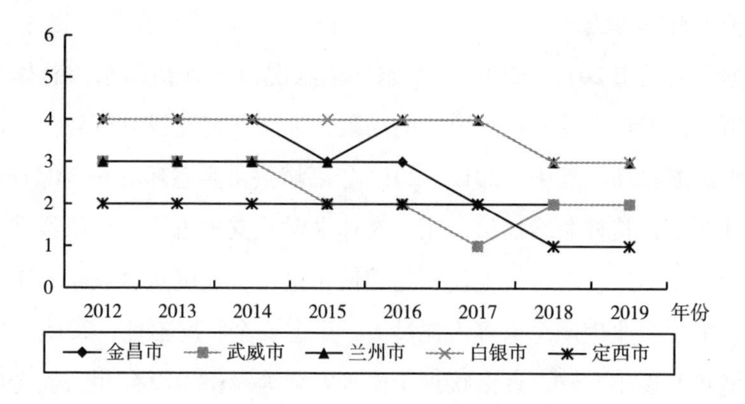


**图10.3　甘肃省中部地区生态环境安全状况**

注：1表示轻微；2表示普通；3表示中等；4表示严重；5表示极其严重。

甘肃省中部地处河西走廊中段，地貌复杂多样，山地、高原、平川、河谷、沙漠、戈壁，类型多样，交错分布，气候类型属温带大陆性气候，水资源分布不均，矿产资源、生物资源丰富。依据生态安全评估结果，甘肃省中部地区主要从以下四个方面进行加强环保建设：（1）加强环保监督，严格检测空气质量，排查重污染工业企业的脱硫、脱硝、除尘设施是否完备，工业固体废物综合利用能力是否达标，废水处理设施是否完善，制定相关规章制度，加大处罚力度，减少污染物排放；（2）发展科技，提升自然资源的利用效率，降低能源损耗，整治矿区生态恢复工作，降低农用化肥的使用量，提高工业废弃物的循环利用效率；（3）加强预防旱涝等自然灾害的预警与整治，注重防护林工程建设，建设相关垃圾收集处理设施，减少居民生活垃圾污染，降低化学需氧量、氨氮化物、重金属污染物等的排放；（4）提升环保财政支出，促进城市—乡村绿化建设、林业发展，提升有效灌溉、生产生活水资源的循环利用效率，建设多水源收集、储存设施，在水资源缺乏地区，降低对地下水源的需求压力。

兰州市2012~2019年生态环境状况变化较大，则依据甘肃省兰州市地区生态环境与经济社会发展状况，基于10.3节中步骤1~步骤6进行生态安全评估，具体结果如表10.12所示。

**表10.12　　兰州市地区生态环境安全等级**

| 年份 | 轻微 | 普通 | 中等 | 严重 | 极其严重 |
|---|---|---|---|---|---|
| 2012 | $D_1=0.613174$ | $D_2=0.718652$ | $D_3=0.763765$ | $D_4=0.713039$ | $D_5=0.650888$ |
| 2013 | $D_1=0.624045$ | $D_2=0.718482$ | $D_3=0.743695$ | $D_4=0.702168$ | $D_5=0.647891$ |
| 2014 | $D_1=0.623098$ | $D_2=0.692699$ | $D_3=0.732418$ | $D_4=0.712597$ | $D_5=0.656043$ |
| 2015 | $D_1=0.618109$ | $D_2=0.695137$ | $D_3=0.726682$ | $D_4=0.722218$ | $D_5=0.660231$ |
| 2016 | $D_1=0.631853$ | $D_2=0.693094$ | $D_3=0.730752$ | $D_4=0.740510$ | $D_5=0.648306$ |
| 2017 | $D_1=0.632625$ | $D_2=0.705823$ | $D_3=0.737070$ | $D_4=0.741336$ | $D_5=0.649009$ |
| 2018 | $D_1=0.631754$ | $D_2=0.709838$ | $D_3=0.743871$ | $D_4=0.737752$ | $D_5=0.642705$ |
| 2019 | $D_1=0.665014$ | $D_2=0.720522$ | $D_3=0.724622$ | $D_4=0.713043$ | $D_5=0.624533$ |

结合表10.12，根据逼近理想解TOPSIS理论综合评估结果越大越好原则，可以得出，兰州市2012~2013年生态环境安全综合评价结果为$D_3$，生态安全等级为中等；2014~2017年生态环境综合评价结果由$D_3$逐渐降低至$D_4$，生态环境安全状况转变为严重等级；2018~2019年生态环境综合评价结果为$D_3$，生态安全等级改善至中等等级，并接近于普通安全等级。

依据兰州市2012~2019年生态环境状况综合评估结果，总体可以看出，兰州市近年来生态环境状况逐渐改善。其中，2014~2015年兰州市生态环境安全综合评估结果虽为$D_3$，但其结果与$D_4$更为接近，即生态环境安全状况虽为中等，但接近于严重等级；2016~2017年其生态环境安全状况降低为严重，结合兰州市生态环境安全状况指标数据，究其原因在于，兰州市2014~2017年空气质量达二级以上天数占比有所降低，单位耕地面积化肥施用量、可吸入颗粒物年均浓度、私人汽车拥有量占比以及工业烟（粉）尘排放量占比等居高不下，环境保护压力较大，在经济发展、社会建设等因素的多方面综合影响下，生态安全等级有所下降；2018~2019

年兰州市生态环境安全等级虽为中等等级，但逐渐接近普通安全等级，生态状况持续改善。

### 10.5.6 甘肃省东南部地区生态安全综合评价

依据甘肃省东南部地区各地市生态环境与经济社会发展状况，根据表10.1甘肃省地区生态安全状况综合评价指标体系，查询相关指标数据。结合10.4.1节集对分析—直觉模糊集TOPSIS理论测算步骤，得出甘肃省东南部地区各地市2012～2019年地区生态环境安全直觉模糊数与理想直觉模糊数的TOPSIS综合得分，具体结果如图10.4所示。

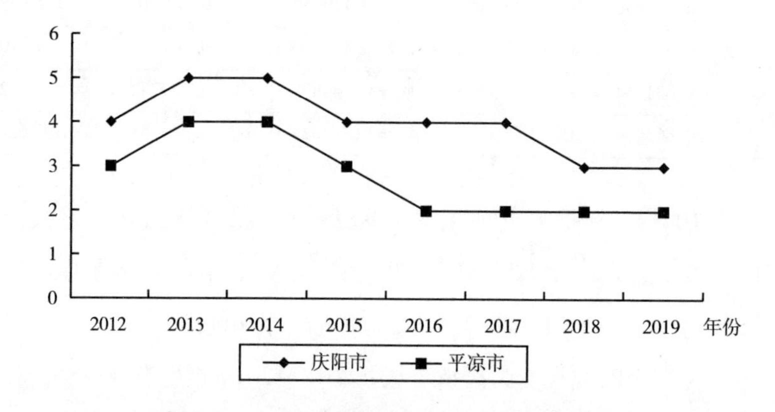


**图10.4　甘肃省东南部地区生态环境安全状况**

注：1表示轻微；2表示普通；3表示中等；4表示严重；5表示极其严重。

由图10.4可以得出，甘肃省东南部地区生态环境状况波动变化较大，环境质量不够稳定，其中，庆阳市2012年生态环境状况为严重等级，2013～2014年降低至极其严重等级，2015～2017年又恢复至严重等级，2018～2019年转变至中等安全等级；平凉市2012年生态环境状况为中等等级，2013～2014年降低至严重等级，2015年恢复至中等等级，2016～2019年逐渐稳定于普通安全等级。

甘肃省东南部地区地质地貌复杂，高原、沟壑、梁峁、河谷、平川、山峦、斜坡兼有，冬冷常晴，夏热丰雨，有南湿、北干、东暖、西凉的特点，水资源、生物资源储量丰富，是甘肃省重要的农林产品生产基地和畜牧业、经济作物主产区。依据生态安全评估结果，甘肃省东南部地区主要从以下四个方面进行加强环保建设：（1）合理提升农林水财政支出，发展优势产业，促进林业发展，加强旱涝等自然灾害的防治工作，降低自然环境变化对农林牧业经济发展的冲击；（2）提升水环境的污染检测能力，确保水源生态稳定，提升居民的绿色生活意识，促进水资源循环利用，降低居民生活用水量；（3）增强节水灌溉能力，提升有效灌溉面积，促进水资源的科学开发利用，改进电力、热力、天然气等清洁能源的利用技术，提升清洁能源的适用领域，减少大气污染物的排放；（4）加强环保监督，抓好自然资源的污染防治、规划和项目的环评工作，统筹实施生态环境保护监督执法、生态环境治理体系建设、自然生态保护与修复等举措，推动全区生态环境状况良好发展。

其中，平凉市 2012～2019 年生态环境状况变化较大，则依据甘肃省平凉市地区生态环境与经济社会发展状况，基于 10.4.1 节中步骤 1～步骤 6 进行生态安全评估，具体结果如表 10.13 所示。

**表 10.13　　　　平凉市地区生态环境安全等级**

| 年份 | 轻微 | 普通 | 中等 | 严重 | 极其严重 |
|---|---|---|---|---|---|
| 2012 | $D_1=0.660607$ | $D_2=0.689226$ | $D_3=0.711714$ | $D_4=0.695192$ | $D_5=0.614940$ |
| 2013 | $D_1=0.640936$ | $D_2=0.687459$ | $D_3=0.706160$ | $D_4=0.706614$ | $D_5=0.645160$ |
| 2014 | $D_1=0.640438$ | $D_2=0.688835$ | $D_3=0.707325$ | $D_4=0.707906$ | $D_5=0.646370$ |
| 2015 | $D_1=0.647430$ | $D_2=0.699785$ | $D_3=0.723192$ | $D_4=0.690637$ | $D_5=0.626065$ |
| 2016 | $D_1=0.711780$ | $D_2=0.743234$ | $D_3=0.695065$ | $D_4=0.616477$ | $D_5=0.582327$ |
| 2017 | $D_1=0.736768$ | $D_2=0.737633$ | $D_3=0.684386$ | $D_4=0.605011$ | $D_5=0.566205$ |
| 2018 | $D_1=0.713738$ | $D_2=0.716168$ | $D_3=0.686617$ | $D_4=0.608505$ | $D_5=0.569854$ |
| 2019 | $D_1=0.702036$ | $D_2=0.718371$ | $D_3=0.665784$ | $D_4=0.609954$ | $D_5=0.574770$ |

结合表 10.13，根据逼近理想解 TOPSIS 理论综合评估结果越大越好原则，可以得出，平凉市 2012 年生态环境安全综合评价结果为 $D_3$，生态安全

等级为中等；2013～2014 年生态环境综合评价结果为 $D_4$，生态安全等级为严重；2015 年生态环境综合评价结果为 $D_3$，生态安全等级为中等；2016～2019 年生态环境状况综合评价结果为 $D_2$，生态安全为普通等级。

依据平凉市 2012～2019 年生态环境状况综合评估结果，总体可以看出，平凉市近年来生态环境质量逐渐提高，虽有所波动，但生态安全等级最终达到普通等级。其中，2012 年平凉市生态环境安全综合评估结果虽为 $D_3$，但其结果与 $D_4$ 较为接近，生态状况接近于严重等级下的环境状况；2013～2014 年生态安全等级下降为严重等级，生态安全状况不佳，结合平凉市生态环境安全状况指标数据，究其原因在于，2013～2014 年平凉市空气质量达二级以上天数占比降低较大，单位耕地面积化肥施用量、可吸入颗粒物（PM10）年均浓度、二氧化硫年均浓度、工业烟（粉）尘排放量占比增长幅度明显，大气环境污染状况较为严重；2015 年生态安全等级又恢复至中等，环境安全状况有所好转；2016～2019 年平凉市生态环境安全等级转变为普通，但生态环境质量由接近于中等等级逐渐转变为接近于轻微等级，生态环境状况改善良好，生态安全建设成果凸显。

### 10.5.7 甘肃省南部地区生态安全综合评价

依据甘肃省南部地区各地市生态环境与经济社会发展状况，根据表 10.1 甘肃省地区生态安全状况综合评价指标体系，查询相关指标数据。结合 10.4.1 节集对分析—直觉模糊集 TOPSIS 理论测算步骤，得出甘肃省南部地区各地市 2012～2019 年地区生态环境安全直觉模糊数与理想直觉模糊数的 TOPSIS 综合得分，具体结果如图 10.5 所示。

由图 10.5 可以看出，甘肃省南部地区生态环境状况稳步提升，其中，陇南市 2012～2018 年生态环境状况稳定于普通等级，2019 年转变为轻微安全等级；天水市 2012～2016 年生态环境状况稳定于普通安全等级，2017～2019 年转变为轻微安全等级，环境保护较好。

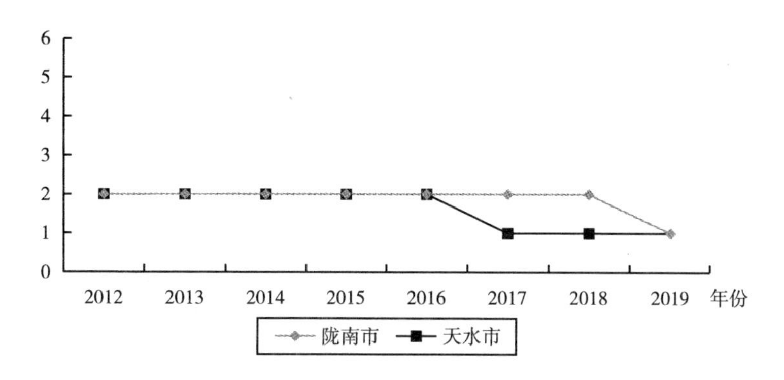


**图 10.5　甘肃省南部地区生态环境安全状况**

注：1 表示轻微；2 表示普通；3 表示中等；4 表示严重；5 表示极其严重。

甘肃省南部处于秦巴山区、黄土高原、青藏高原的交接区域，地貌俊秀，分异明显，山地、丘陵、河谷交错，气候类型属于温带半湿润气候，降水、日照适宜，生物资源、矿产资源丰富，是甘肃省水力资源最丰富、水资源最富集的地区。依据生态安全评估结果，甘肃省南部地区主要从以下五个方面进行加强环保建设。（1）坚强建设绿色经济体系，利用自身条件，开发旅游、农耕、林舍等经济，发展中药材种植、收购、加工、销售一体化、林舍旅游住宿经济链；（2）提倡低碳生活，促进生活水资源的循环利用，完善灌溉设施，降低水资源的消耗；（3）加强工业企业的环保监督，对于矿产开采区，实施严格的采后生态恢复标准，对于违规操作、乱排滥采工业企业提升惩处力度，保障生态环境质量在优良基础上的更优建设；（4）切实推进环境污染防治工作，针对工业企业废水废气排放，制定更加严格的法规制度，减低大气污染程度，建设生态居住区；（5）发展科学技术，提高工业废物的综合利用效率以及自然资源的开发利用率，促进山水林田湖草系统的综合治理，开展国土绿化工作，保障土地安全。

## 10.5.8　甘肃省西南部地区生态安全综合评价

依据甘肃省西南部地区各地市生态环境与经济社会发展状况，根据表

10.1 甘肃省地区生态安全状况综合评价指标体系，查询相关指标数据。结合 10.4.1 节集对分析—直觉模糊集 TOPSIS 理论测算步骤，得出甘肃省西南部地区各地市 2012～2019 年地区生态环境安全直觉模糊数与理想直觉模糊数的 TOPSIS 综合得分，具体结果如图 10.6 所示。

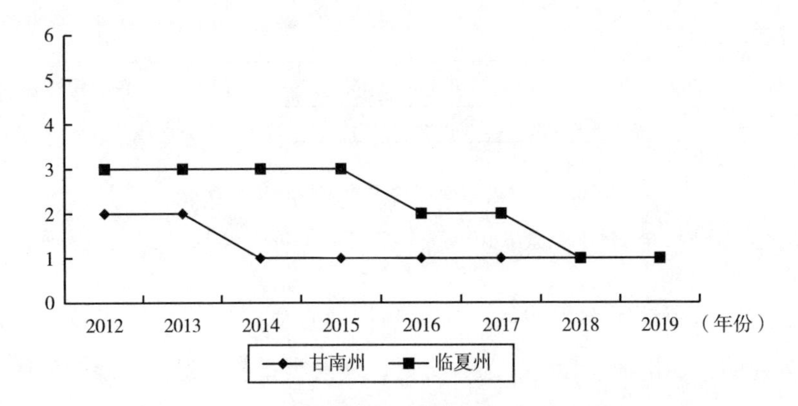


**图 10.6　甘肃省西南部地区生态环境安全状况**

注：1 表示轻微；2 表示普通；3 表示中等；4 表示严重；5 表示极其严重。

由图 10.6 可以得出，甘肃省西部地区生态环境状况改善明显，生态文明建设效果突出，其中，甘南州 2012～2013 年生态环境状况为普通等级，2014～2019 年改善为轻微等级；临夏州 2012～2015 年生态环境状况稳定于中等等级，2016～2019 年逐年改善至轻微安全等级，环境建设效果明显。

甘肃省西南部地区是黄河上游重要的水源涵养区、补给区和生态安全屏障，国家确定的生态主体功能区、生态文明先行示范区，区内部分地区为黄土高原与青藏高原、中原农区与西部牧区的过渡地带，山谷多，平地少，冬无严寒，夏无酷暑，四季分明，降水适宜，矿产资源、水能资源储量丰富、充沛。依据生态安全评估结果，甘肃省西南部地区主要从以下五个方面进行加强环保建设：（1）适度提升林业建设财政支出，植树造林，退耕还林，治理水土流失，促进生态屏障工程建设；（2）发展科学技术，充分利用水能丰富资源发电，提升清洁能源的适用领域，降低化石能源的消耗；（3）提升空气质量检测技术，严格管理工业企业废气达标排放，提升城乡生态绿化建设，改善大气环境，提倡水资源的循环利用，降低居民生活消耗；（4）加强环境保护监督与监测，完善各部门间的联合执法体系，制定相关法规，对环境违法行为严格管制，建立常态化的环境保护管理体系，保障黄河水源补给区生态安全；（5）改进灌溉设施，增加有效灌溉面积，促进城市绿化建设，打造生态城市圈，保障土地资源安全。

其中，临夏州2012～2019年生态环境状况变化较大，则依据甘肃省临夏州地区生态环境与经济社会发展状况，基于10.4.1节中步骤1～步骤6进行生态安全评估，具体结果如表10.14所示。

**表10.14　　　　临夏州地区生态环境安全等级**

| 年份 | 轻微 | 普通 | 中等 | 严重 | 极其严重 |
|---|---|---|---|---|---|
| 2012 | $D_1=0.609750$ | $D_2=0.723607$ | $D_3=0.821877$ | $D_4=0.777087$ | $D_5=0.646272$ |
| 2013 | $D_1=0.600567$ | $D_2=0.713303$ | $D_3=0.819889$ | $D_4=0.775971$ | $D_5=0.653134$ |
| 2014 | $D_1=0.642375$ | $D_2=0.741445$ | $D_3=0.794256$ | $D_4=0.726636$ | $D_5=0.618817$ |
| 2015 | $D_1=0.642859$ | $D_2=0.762177$ | $D_3=0.800151$ | $D_4=0.720575$ | $D_5=0.616636$ |
| 2016 | $D_1=0.681300$ | $D_2=0.755680$ | $D_3=0.754382$ | $D_4=0.672257$ | $D_5=0.591450$ |
| 2017 | $D_1=0.696033$ | $D_2=0.745265$ | $D_3=0.717851$ | $D_4=0.663822$ | $D_5=0.589231$ |
| 2018 | $D_1=0.698704$ | $D_2=0.694232$ | $D_3=0.685505$ | $D_4=0.666525$ | $D_5=0.593271$ |
| 2019 | $D_1=0.760868$ | $D_2=0.725684$ | $D_3=0.689345$ | $D_4=0.641713$ | $D_5=0.528906$ |

结合表10.14，根据逼近理想解TOPSIS理论综合评估结果越大越好原则，可以得出，临夏州2012～2015年生态环境综合评估结果为$D_3$，安全等级为中等；2016～2017年生态环境综合评估结果为$D_2$，生态安全等级为普通；2018～2019年生态环境安全综合评价结果为$D_1$，生态安全等级为轻微安全等级。

依据临夏州生态环境状况综合评估结果，总体可以看出，临夏州2012～2019年生态安全状况变化趋势较好，安全等级达到轻微等级。其中，2012～2015年临夏州生态环境安全综合评估结果由接近于严重等级逐渐转变为接近于普通安全等级，生态环境状况良好；2016～2019年生态环境安全等级逐年改善至轻微安全等级，结合生态环境安全状况指标数据，可以看出，2016～2019年，甘南州空气质量达二级以上天数占比、建成区绿化覆盖率、农林水财政支出占比、城市燃气普及率等提升明显，旱涝灾害受灾面积占比、可吸入颗粒物（$PM_{10}$）、二氧化硫、二氧化氮年均浓度、第二产业生产总产值占比、工业废水化学需氧量排放量占比等下降明显，大气环境污染状况明显好转，自然灾害预防与治理效果显著，生态环境质量逐年上升；2016～2018年生态环境安全等级虽为轻微，但与普通相对接近，环保建设需持续关注。

## 10.6 小　　结

本章基于集对分析、逼近理想解TOPSIS理论改进的直觉模糊集生态安全评价理论，对甘肃省各个地州市的生态环境状况进行综合评估，得出以下结论。

（1）白银市、天水市、张掖市、酒泉市、定西市、陇南市、甘南州等地区生态安全等级虽变化幅度相对较小，但其生态环境质量不断提高，与更良好的生态安全等级间的接近度逐年提升，生态安全状况逐年提升，不断稳固。

（2）甘肃省各地州市2012～2019年生态环境整体上改善状况良好，例如嘉峪关市、金昌市、平凉市、庆阳市、临夏州等地区生态安全等级逐渐上升，生态安全状况变化明显。其中，2019年天水市、张掖市、酒泉市、定西市、陇南市、临夏州以及甘南州生态安全达到轻微等级，生态安全状况良好；嘉峪关市、金昌市、武威市、平凉市生态安全等级达到普通，生态安全建设效果显著；兰州市、白银市、庆阳市生态安全等级稳定于中等，环保建设仍需大力实施。

（3）个别地区生态环境质量有所波动，例如兰州市2016～2017年生态环境状况受空气质量达二级以上天数、单位耕地面积化肥施用量、可吸入颗粒物年均浓度、私人汽车拥有量以及工业烟（粉）尘排放量等因素的影响，生态环境安全等级降为严重；平凉市 2013 ~ 2014 年受大气污染相关因素的影响生态环境状况有所恶化，生态安全等级降低至严重；庆阳市 2013 ~ 2014 年生态环境受农林水财政支出、电力、热力以及燃气的生产和供应业投资、旱涝灾害受灾面积、工业废水排放量、工业废水化学需氧量排放量、私人汽车拥有量等因素的影响，生态环境安全状况降低明显。

| 第11章 |

# 结论与对策建议

## 11.1 结　　论

基于区域生态环境安全的理念，构建地区生态环境安全评价指标体系，结合熵值法确定指标权重。设定直觉模糊集多属性决策理论为核心理论，采用集对分析、逼近理想解 TOPSIS 为辅助理论，对其决策矩阵设计、贴近度测算进行合理改进，结合甘肃省 2012 ~ 2019 年整体生态环境状况，将其与欧氏距离、汉明距离、豪斯多夫距离等贴近度测度及集对分析综合评估方法分别进行应用对比分析，确定理论方法改进的科学性、合理性。在此基础上，运用基于集对分析、逼近理想解理论改进的直觉模糊集综合评估方法，对甘肃省各地州市的生态环境安全状况进行综合评价，确定各地区生态安全等级。主要研究结论如下。

（1）结合甘肃省 2012 ~ 2019 年生态环境与经济社会发展指标数据，基于集对分析、逼近理想解 TOPSIS 理论改进的直觉模糊集法，对甘肃省 2012 ~ 2019 年生态安全状况进行综合评价，其结果与传统贴近度测度方法欧氏距离、汉明距离以及豪斯多夫距离的评价结果基本一致，即甘肃省生态环境安全状况由严重等级逐渐改善至普通等级，相比于集对分析集对势测度结果，其生态环境安全综合评价结果更加贴近甘肃省生态状况的实际变化趋势。此外，基于集对分析、逼近理想解改进的直觉模糊集测度相比于传统欧氏距离、汉明距离、豪斯多夫距离测度，改进后的直觉模糊集理论的灵敏性更好。具体根据其综合评估结果间贴近度的变化趋势可以得出，2012～2015 年甘肃省生态环境安全状况综合评估结果为中等等级，由接近于严重等级逐渐改善为接近于普通等级，但由于自然灾害、经济发展等因素的影响生态环境状况恶化，又转变为接近于严重等级，随后甘肃省生态环境建设状况较好，安全状况为转变为普通，其综合评估结果更能直接地反映甘肃省近年来生态环境状况的变化波动趋势。

（2）甘肃省偏北部地区如酒泉市、嘉峪关市 2012～2019 年生态环境状况改善明显，酒泉市生态安全等级由普通提升至轻微，嘉峪关市生态安全等级由极其严重改善至中等，并接近于普通等级，但由于地理、气候等自然因素，嘉峪关市生态环境状况还相对恶劣，环境保护与建设难度较大。甘肃省中部地区如张掖市、金昌市、武威市、兰州市、白银市 2012～2019 年生态环境建设状况良好。其中，张掖市、兰州市、白银市生态安全等级由中等提升至普通，金昌市生态安全等级由严重改善至普通，武威市生态安全等级虽未有变化，但又接近于中等转变为轻微安全等级，整体生态建设良好。甘肃省偏南部地区例如甘南州、临夏州、定西市、天水市、平凉市、庆阳市、陇南市 2012～2019 年生态环境保护状况较好，生态安全等级逐年提升。其中，甘南州生态安全等级由普通提升至轻微，临夏州生态安全等级由中等改善至轻微，天水市、平凉市生态安全等级由中等提升至普通，庆阳市生态环境状况波动变化较大，生态安全等级由中等恶化至极其严重，随后逐渐改善至普通，最终稳定于中等，且与普通安全等级较为接近。此外，定西市、陇南市生态环境安全状况稳定于普通等级，且与轻微等级较为接近。整体上生态环境保护与建设状况较好，生态趋于稳定，环境质量较优。

## 11.2　甘肃省区域生态安全提升对策建议

（1）甘肃省偏北部地区例如酒泉、嘉峪关、张掖市，由于气候干燥，自然条件相对较差，应注重保障土地生态资源的可持续发展，加强干旱自然灾害的应对能力，增设雨水收集、节水灌溉设施，促进水资源的循环利用；充分开发太阳能资源，科学实施农用化肥，降低土壤污染程度，促进防护林工程建设，完善环境突发情况的应急体系，最大限度地减少恶劣天气对生态环境的持续损害。

（2）甘肃省中部地区例如金昌、白银、兰州、武威、定西市，矿产、生物资源丰富，应注重加强环保监督，严格检测空气质量，排查重污染工业企业的工业固体废物综合利用能力是否达标，废水处理设施是否完善，对违规企业加大处罚力度；降低能源损耗，整治矿区生态恢复工作；建设相关垃圾收集处理设施，减少居民生活垃圾污染；提升环保财政支出，促进城市—乡村绿化建设、林业发展。

（3）甘肃省偏南部地区例如庆阳、平凉、陇南、天水市，自然条件相对较好，应注重坚持建设绿色经济体系，利用自身条件，开发旅游、农耕、林舍等经济，发展中药材种植、收购、加工、销售一体化经济链；提倡低碳生活，促进生活水资源的循环利用；提升水环境的污染检测能力，确保水源生态稳定；改进电力、热力、天然气等清洁能源的利用技术，提升清洁能源的适用领域，减少大气污染物的排放。

## 11.3　甘肃省整体生态安全提升对策建议

### 11.3.1　加强资源管理与保护

生态环境遭受破坏的重要一环即是自然资源的过度开发、粗用滥用，例如水资源浪费状况严重、煤炭资源“涸泽而渔”式开采、土地资源开发仅追求经济效益等。甘肃省整体上应促进自然资源的合理开发，提高资源利用效率，对资源开发区实施严格管控，重视开发后的生态恢复状况，重视水土流失、土地荒漠化治理，深入贯彻“绿水青山就是金山银山”理念。

### 11.3.2　坚持绿色发展理念

改革开放以来，我国经济持续中高速增长，能源消费以煤炭、石油等石化能源为主，对大气环境造成了严重污染，例如可吸入颗粒物、二氧化氮、二氧化硫浓度快速上升等状况。因此，从工业废物处理、经济发展、生态城市建设等方面进行绿色改革，有助于实现甘肃省生态安全状况的提升。

工业废物处理方面：如何运用经济有效的方法，最大限度地实现甘肃省工业废物资源化是一个迫切需要解决的环境经济问题。甘肃省整体上应促进供给侧结构性改革，调整能源消费结构，适当限制高耗能、高污染产业的发展，拓展清洁能源的适用领域；加强对固体废物污染环境防治工作的监督，落实固体废物污染环境防治目标责任制和考核评价制度；促进废物污染环境防治的科学研究、技术开发、信息化建设，推广先进的防治技术、生产工艺和设备。

经济发展方面：经济发展对生态环境的保护与建设具有双面性：一方面发展经济必然加重环境污染状况；另一方面经济发展带动科学进步，促进科学研究的发展，有利于环境污染物的重复利用以及无害化处理。因此，甘肃省应坚持习近平新时代中国特色社会主义思想、“绿水青山就是金山银山”及可持续发展理念，推动产业转型升级，做精生态农业、做强绿色工业、做优现代服务业，把绿色转型作为区域发展的方向，深入推进农业供给侧结构性改革，促进一二三产业融合发展，走出一条生态经济化、经济生态化融合发展的新道路。

生态城市建设方面：按照生态学原理进行城市设计，建立高效、和谐、健康、可持续发展的人类聚居环境。甘肃省应坚持实施严格的源头保护制度、损害赔偿制度、责任追究制度以及“生态底线不可触碰”原则；广泛结合生态学原理规划建设城市，合理规划城区结构，使城市发展与自然环境有机结合，生态调控系统更加完善；深入宣传生态思想，转化为每个人日常生活中的切实行动等。

### 11.3.3 完善环保制度体系

国家发展需要法制，民族进步需要法制，生态环境事关人民生存，更加需要法制的保障。因此，加强甘肃省大气环境、水环境、土地环境等方面的环保监督与检测，制定更加严格的规章制度，完善相关生态安全法律设施，坚持实施严格的源头保护制度、损害赔偿制度、责任追究制度，对重污染企业加大惩处力度，坚持“生态底线不可触碰”原则，强化“人与自然是命运共同体”的解读与宣传，促进生态文明建设。

### 11.3.4 强化环境保护

大气环境方面：人类生产生活产生的氨、硫、碳等有害元素可改变原有空气的组成，造成全球气候变化，例如二氧化硫、二氧化氮均能够引起酸雨等灾害，给自然界造成严重的生态破坏，直接威胁着动、植物的生存，破坏生态平衡。为提升甘肃省大气环境质量，减轻大气污染状况，实现甘肃省空气质量尽早达到国家环境质量一级标准，需从各个方面统筹协同，共同实施各项措施，发展太阳能、水能、风能等清洁能源；加强大气污染的监测和科学研究，及时掌握大气中的颗粒物、硫氧化物和氮氧化物的排放和浓度状况；广泛植树造林，加强绿化，停止滥伐森林，用太阳光的光合作用大量吸收和固定大气中的碳氧化物等，协同建设甘肃省大气环境。

水环境方面：水环境的污染和破坏已成为当今世界主要的环境问题之一。甘肃省地处中国西北内陆，水资源严重短缺，因此，保障水资源安全，降低水环境污染具有重要意义。甘肃省整体上应加强水环境质量监督，科学开展污染综合治理，对有关部门企业实施严格惩处；开展甘南黄河上游水源涵养区、祁连山生态安全屏障区、陇中陇东黄土高原水土保持区、中部沿黄生态环境综合治理区和陇南长江生态保障区山水林田湖草沙生态要素系统治理等举措。

土地环境方面：土壤是人类重要的自然资源，它是一切发展的物质基础。甘肃省大部分地区土壤环境状况较为恶劣，保障土地安全，对其生态、经济、社会发展具有重要意义。甘肃省整体上应加强土壤污染监督，规范处理污水处理厂污泥，完善垃圾处理设施防渗措施，加强对非正规垃圾处理场所的综合整治；科学施用化肥，鼓励废弃农膜回收和综合利用等措施，加快土壤环境保护工程建设。

# 附　　录

黄河流域生态安全预测结果，如附表1～附表3所示。

附表1　　　　GM(1,1)模型级比值

| 序号 | 原始值 | 级比值λ | 原始值＋平移转换shift值（shift＝1） | 转换后的级比值λ |
|---|---|---|---|---|
| 1 | 0.289 | — | 1.289 | — |
| 2 | 0.298 | 0.970 | 1.298 | 0.993 |
| 3 | 0.300 | 0.993 | 1.300 | 0.998 |
| 4 | 0.314 | 0.955 | 1.314 | 0.989 |
| 5 | 0.376 | 0.835 | 1.376 | 0.955 |
| 6 | 0.466 | 0.807 | 1.466 | 0.939 |
| 7 | 0.539 | 0.865 | 1.539 | 0.953 |
| 8 | 0.570 | 0.946 | 1.570 | 0.980 |
| 9 | 0.610 | 0.934 | 1.610 | 0.975 |
| 10 | 0.644 | 0.947 | 1.644 | 0.979 |

附表2　　　　GM(1,1)模型预测

| 序号 | 原始值 | 预测值 |
|---|---|---|
| 1 | 0.289 | 0.289 |
| 2 | 0.298 | 0.266 |
| 3 | 0.300 | 0.310 |

续表

| 序号 | 原始值 | 预测值 |
| --- | --- | --- |
| 4 | 0. 314 | 0. 356 |
| 5 | 0. 376 | 0. 403 |
| 6 | 0. 466 | 0. 452 |
| 7 | 0. 539 | 0. 502 |
| 8 | 0. 570 | 0. 554 |
| 9 | 0. 610 | 0. 609 |
| 10 | 0. 644 | 0. 665 |
| 向后 1 期 | | 0. 723 |
| 向后 2 期 | | 0. 782 |
| 向后 3 期 | | 0. 845 |
| 向后 4 期 | | 0. 909 |
| 向后 5 期 | | 0. 975 |

**附表 3　　GM(1,1) 模型检验**

| 序号 | 原始值 | 预测值 | 残差 | 相对误差（%） | 级比偏差 |
| --- | --- | --- | --- | --- | --- |
| 1 | 0. 289 | 0. 289 | 0. 000 | 0. 000 | — |
| 2 | 0. 298 | 0. 266 | 0. 032 | 10. 769 | -0. 004 |
| 3 | 0. 300 | 0. 310 | -0. 010 | 3. 326 | -0. 028 |
| 4 | 0. 314 | 0. 356 | -0. 042 | 13. 243 | 0. 011 |
| 5 | 0. 376 | 0. 403 | -0. 027 | 7. 121 | 0. 136 |
| 6 | 0. 466 | 0. 452 | 0. 014 | 3. 088 | 0. 165 |
| 7 | 0. 539 | 0. 502 | 0. 037 | 6. 837 | 0. 105 |
| 8 | 0. 570 | 0. 554 | 0. 016 | 2. 730 | 0. 021 |
| 9 | 0. 610 | 0. 609 | 0. 001 | 0. 237 | 0. 033 |
| 10 | 0. 644 | 0. 665 | -0. 021 | 3. 192 | 0. 020 |

青海省生态安全预测结果，如附表 4 ~ 附表 6 所示。

**附表 4　　GM(1,1) 模型级比值**

| 序号 | 原始值 | 级比值 λ | 原始值 + 平移转换 shift 值（shift = 1） | 转换后的级比值 λ |
|---|---|---|---|---|
| 1 | 0. 297 | — | 1. 297 | — |
| 2 | 0. 314 | 0. 946 | 1. 314 | 0. 987 |
| 3 | 0. 303 | 1. 036 | 1. 303 | 1. 008 |
| 4 | 0. 320 | 0. 947 | 1. 320 | 0. 987 |
| 5 | 0. 386 | 0. 829 | 1. 386 | 0. 952 |
| 6 | 0. 465 | 0. 830 | 1. 465 | 0. 946 |
| 7 | 0. 528 | 0. 881 | 1. 528 | 0. 959 |
| 8 | 0. 558 | 0. 946 | 1. 558 | 0. 981 |
| 9 | 0. 612 | 0. 912 | 1. 612 | 0. 967 |
| 10 | 0. 633 | 0. 967 | 1. 633 | 0. 987 |

**附表 5　　GM(1,1) 模型预测**

| 序号 | 原始值 | 预测值 |
|---|---|---|
| 1 | 0. 297 | 0. 297 |
| 2 | 0. 314 | 0. 276 |
| 3 | 0. 303 | 0. 318 |
| 4 | 0. 320 | 0. 361 |
| 5 | 0. 386 | 0. 406 |
| 6 | 0. 465 | 0. 452 |
| 7 | 0. 528 | 0. 500 |
| 8 | 0. 558 | 0. 549 |
| 9 | 0. 612 | 0. 600 |
| 10 | 0. 633 | 0. 653 |
| 向后 1 期 | | 0. 707 |
| 向后 2 期 | | 0. 763 |
| 向后 3 期 | | 0. 821 |
| 向后 4 期 | | 0. 881 |
| 向后 5 期 | | 0. 943 |

附表 6　　**GM(1,1) 模型检验**

| 序号 | 原始值 | 预测值 | 残差 | 相对误差（%） | 级比偏差 |
|---|---|---|---|---|---|
| 1 | 0.297 | 0.297 | 0.000 | 0.000 | — |
| 2 | 0.314 | 0.276 | 0.038 | 12.024 | 0.023 |
| 3 | 0.303 | 0.318 | -0.015 | 5.010 | -0.070 |
| 4 | 0.320 | 0.361 | -0.041 | 12.968 | 0.022 |
| 5 | 0.386 | 0.406 | -0.020 | 5.242 | 0.144 |
| 6 | 0.465 | 0.452 | 0.013 | 2.701 | 0.143 |
| 7 | 0.528 | 0.500 | 0.028 | 5.271 | 0.090 |
| 8 | 0.558 | 0.549 | 0.009 | 1.530 | 0.023 |
| 9 | 0.612 | 0.600 | 0.012 | 1.899 | 0.058 |
| 10 | 0.633 | 0.653 | -0.020 | 3.154 | 0.001 |

四川省生态安全预测结果，如附表 7 ~ 附表 9 所示。

附表 7　　**GM(1,1) 模型级比值**

| 序号 | 原始值 | 级比值 λ | 原始值 + 平移转换 shift 值（shift = 1） | 转换后的级比值 λ |
|---|---|---|---|---|
| 1 | 0.353 | — | 1.353 | — |
| 2 | 0.329 | 1.073 | 1.329 | 1.018 |
| 3 | 0.342 | 0.962 | 1.342 | 0.990 |
| 4 | 0.378 | 0.905 | 1.378 | 0.974 |
| 5 | 0.426 | 0.887 | 1.426 | 0.966 |
| 6 | 0.523 | 0.815 | 1.523 | 0.936 |
| 7 | 0.583 | 0.897 | 1.583 | 0.962 |
| 8 | 0.589 | 0.990 | 1.589 | 0.996 |
| 9 | 0.643 | 0.916 | 1.643 | 0.967 |
| 10 | 0.678 | 0.948 | 1.678 | 0.979 |

**附表 8　　GM(1,1) 模型预测**

| 序号 | 原始值 | 预测值 |
|---|---|---|
| 1 | 0. 353 | 0. 353 |
| 2 | 0. 329 | 0. 315 |
| 3 | 0. 342 | 0. 357 |
| 4 | 0. 378 | 0. 401 |
| 5 | 0. 426 | 0. 447 |
| 6 | 0. 523 | 0. 494 |
| 7 | 0. 583 | 0. 542 |
| 8 | 0. 589 | 0. 592 |
| 9 | 0. 643 | 0. 644 |
| 10 | 0. 678 | 0. 697 |
| 向后 1 期 | | 0. 752 |
| 向后 2 期 | | 0. 809 |
| 向后 3 期 | | 0. 868 |
| 向后 4 期 | | 0. 928 |
| 向后 5 期 | | 0. 991 |

**附表 9　　GM(1,1) 模型检验**

| 序号 | 原始值 | 预测值 | 残差 | 相对误差（%） | 级比偏差 |
|---|---|---|---|---|---|
| 1 | 0. 353 | 0. 353 | 0. 000 | 0. 000 | — |
| 2 | 0. 329 | 0. 315 | 0. 014 | 4. 327 | -0. 108 |
| 3 | 0. 342 | 0. 357 | -0. 015 | 4. 505 | 0. 007 |
| 4 | 0. 378 | 0. 401 | -0. 023 | 6. 200 | 0. 066 |
| 5 | 0. 426 | 0. 447 | -0. 021 | 4. 904 | 0. 084 |
| 6 | 0. 523 | 0. 494 | 0. 029 | 5. 579 | 0. 159 |
| 7 | 0. 583 | 0. 542 | 0. 041 | 6. 986 | 0. 074 |
| 8 | 0. 589 | 0. 592 | -0. 003 | 0. 559 | -0. 022 |
| 9 | 0. 643 | 0. 644 | -0. 001 | 0. 146 | 0. 054 |
| 10 | 0. 678 | 0. 697 | -0. 019 | 2. 841 | 0. 021 |

甘肃省生态安全预测结果，如附表 10 ~ 附表 12 所示。

**附表 10　　GM(1,1) 模型级比值**

| 序号 | 原始值 | 级比值 λ | 原始值 + 平移转换 shift 值（shift = 1） | 转换后的级比值 λ |
|---|---|---|---|---|
| 1 | 0. 226 | — | 1. 226 | — |
| 2 | 0. 245 | 0. 922 | 1. 245 | 0. 985 |
| 3 | 0. 268 | 0. 914 | 1. 268 | 0. 982 |
| 4 | 0. 231 | 1. 160 | 1. 231 | 1. 030 |
| 5 | 0. 315 | 0. 733 | 1. 315 | 0. 936 |
| 6 | 0. 418 | 0. 754 | 1. 418 | 0. 927 |
| 7 | 0. 482 | 0. 867 | 1. 482 | 0. 957 |
| 8 | 0. 520 | 0. 927 | 1. 520 | 0. 975 |
| 9 | 0. 577 | 0. 901 | 1. 577 | 0. 964 |
| 10 | 0. 590 | 0. 978 | 1. 590 | 0. 992 |

**附表 11　　GM(1,1) 模型预测**

| 序号 | 原始值 | 预测值 |
|---|---|---|
| 1 | 0. 226 | 0. 226 |
| 2 | 0. 245 | 0. 210 |
| 3 | 0. 268 | 0. 254 |
| 4 | 0. 231 | 0. 301 |
| 5 | 0. 315 | 0. 349 |
| 6 | 0. 418 | 0. 399 |
| 7 | 0. 482 | 0. 450 |
| 8 | 0. 520 | 0. 504 |
| 9 | 0. 577 | 0. 560 |
| 10 | 0. 590 | 0. 617 |
| 向后 1 期 | | 0. 677 |
| 向后 2 期 | | 0. 739 |
| 向后 3 期 | | 0. 804 |
| 向后 4 期 | | 0. 870 |
| 向后 5 期 | | 0. 940 |

附表 12　　GM(1,1) 模型检验

| 序号 | 原始值 | 预测值 | 残差 | 相对误差（%） | 级比偏差 |
|---|---|---|---|---|---|
| 1 | 0.226 | 0.226 | 0.000 | 0.000 | — |
| 2 | 0.245 | 0.210 | 0.035 | 14.444 | 0.043 |
| 3 | 0.268 | 0.254 | 0.014 | 5.092 | 0.052 |
| 4 | 0.231 | 0.301 | -0.070 | 19.194 | -0.143 |
| 5 | 0.315 | 0.349 | -0.034 | 10.749 | 0.180 |
| 6 | 0.418 | 0.399 | 0.019 | 4.606 | 0.159 |
| 7 | 0.482 | 0.450 | 0.032 | 6.539 | 0.101 |
| 8 | 0.520 | 0.504 | 0.016 | 3.051 | 0.039 |
| 9 | 0.577 | 0.560 | 0.017 | 2.987 | 0.065 |
| 10 | 0.590 | 0.617 | -0.027 | 4.654 | -0.014 |

宁夏生态安全预测结果，如附表 13 ~ 附表 15 所示。

附表 13　　GM(1,1) 模型级比值

| 序号 | 原始值 | 级比值 λ | 原始值 + 平移转换 shift 值（shift = 1） | 转换后的级比值 λ |
|---|---|---|---|---|
| 1 | 0.273 | — | 1.273 | — |
| 2 | 0.265 | 1.030 | 1.265 | 1.006 |
| 3 | 0.249 | 1.064 | 1.249 | 1.013 |
| 4 | 0.290 | 0.859 | 1.290 | 0.968 |
| 5 | 0.333 | 0.871 | 1.333 | 0.968 |
| 6 | 0.464 | 0.718 | 1.464 | 0.911 |
| 7 | 0.543 | 0.855 | 1.543 | 0.949 |
| 8 | 0.565 | 0.961 | 1.565 | 0.986 |
| 9 | 0.623 | 0.907 | 1.623 | 0.964 |
| 10 | 0.668 | 0.933 | 1.668 | 0.973 |

附表 14　　GM(1,1) 模型预测

| 序号 | 原始值 | 预测值 |
| --- | --- | --- |
| 1 | 0. 273 | 0. 273 |
| 2 | 0. 265 | 0. 222 |
| 3 | 0. 249 | 0. 272 |
| 4 | 0. 290 | 0. 325 |
| 5 | 0. 333 | 0. 380 |
| 6 | 0. 464 | 0. 436 |
| 7 | 0. 543 | 0. 496 |
| 8 | 0. 565 | 0. 557 |
| 9 | 0. 623 | 0. 621 |
| 10 | 0. 668 | 0. 688 |
| 向后 1 期 | | 0. 758 |
| 向后 2 期 | | 0. 830 |
| 向后 3 期 | | 0. 906 |
| 向后 4 期 | | 0. 984 |
| 向后 5 期 | | 0. 996 |

附表 15　　GM(1,1) 模型检验

| 序号 | 原始值 | 预测值 | 残差 | 相对误差（%） | 级比偏差 |
| --- | --- | --- | --- | --- | --- |
| 1 | 0. 273 | 0. 273 | -0. 000 | 0. 000 | — |
| 2 | 0. 265 | 0. 222 | 0. 043 | 16. 208 | -0. 073 |
| 3 | 0. 249 | 0. 272 | -0. 023 | 9. 410 | -0. 108 |
| 4 | 0. 290 | 0. 325 | -0. 035 | 12. 031 | -0. 106 |
| 5 | 0. 333 | 0. 380 | -0. 047 | 13. 967 | 0. 093 |
| 6 | 0. 464 | 0. 436 | 0. 028 | 5. 952 | 0. 173 |
| 7 | 0. 543 | 0. 496 | 0. 047 | 8. 729 | 0. 110 |
| 8 | 0. 565 | 0. 557 | 0. 008 | 1. 370 | -0. 001 |
| 9 | 0. 623 | 0. 621 | 0. 002 | 0. 247 | 0. 056 |
| 10 | 0. 668 | 0. 688 | -0. 020 | 3. 040 | 0. 029 |

内蒙古生态安全预测结果，如附表 16 ~ 附表 18 所示。

**附表 16　　GM(1,1) 模型级比值**

| 序号 | 原始值 | 级比值 λ | 原始值 + 平移转换 shift 值（shift = 1） | 转换后的级比值 λ |
|---|---|---|---|---|
| 1 | 0. 311 | — | 1. 311 | — |
| 2 | 0. 314 | 0. 990 | 1. 314 | 0. 998 |
| 3 | 0. 298 | 1. 054 | 1. 298 | 1. 012 |
| 4 | 0. 330 | 0. 903 | 1. 330 | 0. 976 |
| 5 | 0. 402 | 0. 821 | 1. 402 | 0. 949 |
| 6 | 0. 458 | 0. 878 | 1. 458 | 0. 962 |
| 7 | 0. 573 | 0. 799 | 1. 573 | 0. 927 |
| 8 | 0. 608 | 0. 942 | 1. 608 | 0. 978 |
| 9 | 0. 626 | 0. 971 | 1. 626 | 0. 989 |
| 10 | 0. 659 | 0. 950 | 1. 659 | 0. 980 |

**附表 17　　GM(1,1) 模型预测**

| 序号 | 原始值 | 预测值 |
|---|---|---|
| 1 | 0. 311 | 0. 311 |
| 2 | 0. 314 | 0. 277 |
| 3 | 0. 298 | 0. 322 |
| 4 | 0. 330 | 0. 369 |
| 5 | 0. 402 | 0. 418 |
| 6 | 0. 458 | 0. 468 |
| 7 | 0. 573 | 0. 520 |
| 8 | 0. 608 | 0. 574 |
| 9 | 0. 626 | 0. 630 |
| 10 | 0. 659 | 0. 688 |
| 向后 1 期 | | 0. 748 |
| 向后 2 期 | | 0. 810 |
| 向后 3 期 | | 0. 875 |
| 向后 4 期 | | 0. 941 |
| 向后 5 期 | | 0. 977 |

附表 18　　GM(1,1) 模型检验

| 序号 | 原始值 | 预测值 | 残差 | 相对误差（%） | 级比偏差 |
|---|---|---|---|---|---|
| 1 | 0. 311 | 0. 311 | 0. 000 | 0. 000 | — |
| 2 | 0. 314 | 0. 277 | 0. 037 | 11. 903 | -0. 026 |
| 3 | 0. 298 | 0. 322 | -0. 024 | 8. 058 | -0. 091 |
| 4 | 0. 330 | 0. 369 | -0. 039 | 11. 823 | 0. 065 |
| 5 | 0. 402 | 0. 418 | -0. 016 | 3. 903 | 0. 150 |
| 6 | 0. 458 | 0. 468 | -0. 010 | 2. 204 | 0. 091 |
| 7 | 0. 573 | 0. 520 | 0. 053 | 9. 199 | 0. 172 |
| 8 | 0. 608 | 0. 574 | 0. 034 | 5. 536 | 0. 024 |
| 9 | 0. 626 | 0. 630 | -0. 004 | 0. 689 | -0. 006 |
| 10 | 0. 659 | 0. 688 | -0. 029 | 4. 443 | 0. 016 |

陕西省生态安全预测结果，如附表 19 ~ 附表 21 所示。

附表 19　　GM(1,1) 模型级比值

| 序号 | 原始值 | 级比值 λ | 原始值 + 平移转换 shift 值（shift = 1） | 转换后的级比值 λ |
|---|---|---|---|---|
| 1 | 0. 215 | — | 1. 215 | — |
| 2 | 0. 310 | 0. 694 | 1. 310 | 0. 927 |
| 3 | 0. 326 | 0. 951 | 1. 326 | 0. 988 |
| 4 | 0. 323 | 1. 009 | 1. 323 | 1. 002 |
| 5 | 0. 371 | 0. 871 | 1. 371 | 0. 965 |
| 6 | 0. 501 | 0. 741 | 1. 501 | 0. 913 |
| 7 | 0. 586 | 0. 855 | 1. 586 | 0. 946 |
| 8 | 0. 614 | 0. 954 | 1. 614 | 0. 983 |
| 9 | 0. 635 | 0. 967 | 1. 635 | 0. 987 |
| 10 | 0. 670 | 0. 948 | 1. 670 | 0. 979 |

**附表 20　　GM(1,1) 模型预测**

| 序号 | 原始值 | 预测值 |
|---|---|---|
| 1 | 0. 215 | 0. 215 |
| 2 | 0. 310 | 0. 280 |
| 3 | 0. 326 | 0. 326 |
| 4 | 0. 323 | 0. 374 |
| 5 | 0. 371 | 0. 424 |
| 6 | 0. 501 | 0. 475 |
| 7 | 0. 586 | 0. 529 |
| 8 | 0. 614 | 0. 584 |
| 9 | 0. 635 | 0. 642 |
| 10 | 0. 670 | 0. 701 |
| 向后 1 期 | | 0. 763 |
| 向后 2 期 | | 0. 826 |
| 向后 3 期 | | 0. 892 |
| 向后 4 期 | | 0. 961 |
| 向后 5 期 | | 0. 972 |

**附表 21　　GM(1,1) 模型检验**

| 序号 | 原始值 | 预测值 | 残差 | 相对误差（%） | 级比偏差 |
|---|---|---|---|---|---|
| 1 | 0. 215 | 0. 215 | -0. 000 | 0. 000 | — |
| 2 | 0. 310 | 0. 280 | 0. 030 | 9. 751 | 0. 281 |
| 3 | 0. 326 | 0. 326 | -0. 000 | 0. 031 | 0. 015 |
| 4 | 0. 323 | 0. 374 | -0. 051 | 15. 823 | -0. 046 |
| 5 | 0. 371 | 0. 424 | -0. 053 | 14. 247 | 0. 098 |
| 6 | 0. 501 | 0. 475 | 0. 026 | 5. 109 | 0. 193 |
| 7 | 0. 586 | 0. 529 | 0. 057 | 9. 759 | 0. 114 |
| 8 | 0. 614 | 0. 584 | 0. 030 | 4. 860 | 0. 011 |
| 9 | 0. 635 | 0. 642 | -0. 007 | 1. 026 | -0. 002 |
| 10 | 0. 670 | 0. 701 | -0. 031 | 4. 618 | 0. 018 |

山西省生态安全预测结果，如附表 22 ~ 附表 24 所示。

**附表 22　　GM(1,1) 模型级比值**

| 序号 | 原始值 | 级比值 λ | 原始值 + 平移转换 shift 值 （shift = 1） | 转换后的级比值 λ |
|---|---|---|---|---|
| 1 | 0.379 | — | 0.379 | — |
| 2 | 0.339 | 1.118 | 0.339 | 1.118 |
| 3 | 0.336 | 1.009 | 0.336 | 1.009 |
| 4 | 0.359 | 0.936 | 0.359 | 0.936 |
| 5 | 0.410 | 0.876 | 0.410 | 0.876 |
| 6 | 0.430 | 0.953 | 0.430 | 0.953 |
| 7 | 0.495 | 0.869 | 0.495 | 0.869 |
| 8 | 0.512 | 0.967 | 0.512 | 0.967 |
| 9 | 0.549 | 0.933 | 0.549 | 0.933 |
| 10 | 0.569 | 0.965 | 0.569 | 0.965 |

**附表 23　　GM(1,1) 模型预测**

| 序号 | 原始值 | 预测值 |
|---|---|---|
| 1 | 0.379 | 0.379 |
| 2 | 0.339 | 0.326 |
| 3 | 0.336 | 0.350 |
| 4 | 0.359 | 0.377 |
| 5 | 0.410 | 0.406 |
| 6 | 0.430 | 0.436 |
| 7 | 0.495 | 0.470 |
| 8 | 0.512 | 0.505 |
| 9 | 0.549 | 0.543 |
| 10 | 0.569 | 0.585 |
| 向后 1 期 | | 0.629 |
| 向后 2 期 | | 0.677 |
| 向后 3 期 | | 0.728 |
| 向后 4 期 | | 0.784 |
| 向后 5 期 | | 0.843 |

**附表 24　　GM(1,1) 模型检验**

| 序号 | 原始值 | 预测值 | 残差 | 相对误差（%） | 级比偏差 |
|---|---|---|---|---|---|
| 1 | 0.379 | 0.379 | 0.000 | 0.000 | — |
| 2 | 0.339 | 0.326 | 0.013 | 3.933 | -0.203 |
| 3 | 0.336 | 0.350 | -0.014 | 4.282 | -0.086 |
| 4 | 0.359 | 0.377 | -0.018 | 5.009 | -0.007 |
| 5 | 0.410 | 0.406 | 0.004 | 1.074 | 0.058 |
| 6 | 0.430 | 0.436 | -0.006 | 1.484 | -0.026 |
| 7 | 0.495 | 0.470 | 0.025 | 5.150 | 0.065 |
| 8 | 0.512 | 0.505 | 0.007 | 1.339 | -0.040 |
| 9 | 0.549 | 0.543 | 0.006 | 1.004 | -0.003 |
| 10 | 0.569 | 0.585 | -0.016 | 2.766 | -0.038 |

河南省生态安全预测结果，如附表 25 ~ 附表 27 所示。

**附表 25　　GM(1,1) 模型级比值**

| 序号 | 原始值 | 级比值 λ | 原始值 + 平移转换 shift 值（shift = 1） | 转换后的级比值 λ |
|---|---|---|---|---|
| 1 | 0.267 | — | 1.267 | — |
| 2 | 0.266 | 1.004 | 1.266 | 1.001 |
| 3 | 0.293 | 0.908 | 1.293 | 0.979 |
| 4 | 0.300 | 0.977 | 1.300 | 0.995 |
| 5 | 0.345 | 0.870 | 1.345 | 0.967 |
| 6 | 0.465 | 0.742 | 1.465 | 0.918 |
| 7 | 0.518 | 0.898 | 1.518 | 0.965 |
| 8 | 0.573 | 0.904 | 1.573 | 0.965 |
| 9 | 0.605 | 0.947 | 1.605 | 0.980 |
| 10 | 0.636 | 0.951 | 1.636 | 0.981 |

附表 26　　GM(1,1) 模型预测

| 序号 | 原始值 | 预测值 |
| --- | --- | --- |
| 1 | 0. 267 | 0. 267 |
| 2 | 0. 266 | 0. 244 |
| 3 | 0. 293 | 0. 290 |
| 4 | 0. 300 | 0. 338 |
| 5 | 0. 345 | 0. 387 |
| 6 | 0. 465 | 0. 438 |
| 7 | 0. 518 | 0. 491 |
| 8 | 0. 573 | 0. 546 |
| 9 | 0. 605 | 0. 603 |
| 10 | 0. 636 | 0. 662 |
| 向后 1 期 | | 0. 723 |
| 向后 2 期 | | 0. 787 |
| 向后 3 期 | | 0. 853 |
| 向后 4 期 | | 0. 921 |
| 向后 5 期 | | 0. 992 |

附表 27　　GM(1,1) 模型检验

| 序号 | 原始值 | 预测值 | 残差 | 相对误差（%） | 级比偏差 |
| --- | --- | --- | --- | --- | --- |
| 1 | 0. 267 | 0. 267 | 0. 000 | 0. 000 | — |
| 2 | 0. 266 | 0. 244 | 0. 022 | 8. 135 | -0. 041 |
| 3 | 0. 293 | 0. 290 | 0. 003 | 0. 955 | 0. 059 |
| 4 | 0. 300 | 0. 338 | -0. 038 | 12. 578 | -0. 013 |
| 5 | 0. 345 | 0. 387 | -0. 042 | 12. 178 | 0. 098 |
| 6 | 0. 465 | 0. 438 | 0. 027 | 5. 783 | 0. 190 |
| 7 | 0. 518 | 0. 491 | 0. 027 | 5. 195 | 0. 069 |
| 8 | 0. 573 | 0. 546 | 0. 027 | 4. 708 | 0. 063 |
| 9 | 0. 605 | 0. 603 | 0. 002 | 0. 335 | 0. 018 |
| 10 | 0. 636 | 0. 662 | -0. 026 | 4. 093 | 0. 014 |

山东省生态安全预测结果，如附表 28 ~ 附表 30 所示。

附表 28　　GM(1,1) 模型级比值

| 序号 | 原始值 | 级比值 λ | 原始值 + 平移转换 shift 值（shift = 1） | 转换后的级比值 λ |
|---|---|---|---|---|
| 1 | 0. 276 | — | 1. 276 | — |
| 2 | 0. 296 | 0. 932 | 1. 296 | 0. 985 |
| 3 | 0. 282 | 1. 050 | 1. 282 | 1. 011 |
| 4 | 0. 296 | 0. 953 | 1. 296 | 0. 989 |
| 5 | 0. 394 | 0. 751 | 1. 394 | 0. 930 |
| 6 | 0. 473 | 0. 833 | 1. 473 | 0. 946 |
| 7 | 0. 546 | 0. 866 | 1. 546 | 0. 953 |
| 8 | 0. 590 | 0. 925 | 1. 590 | 0. 972 |
| 9 | 0. 638 | 0. 925 | 1. 638 | 0. 971 |
| 10 | 0. 651 | 0. 980 | 1. 651 | 0. 992 |

附表 29　　GM(1,1) 模型预测

| 序号 | 原始值 | 预测值 |
|---|---|---|
| 1 | 0. 276 | 0. 276 |
| 2 | 0. 296 | 0. 257 |
| 3 | 0. 282 | 0. 304 |
| 4 | 0. 296 | 0. 353 |
| 5 | 0. 394 | 0. 404 |
| 6 | 0. 473 | 0. 456 |
| 7 | 0. 546 | 0. 511 |
| 8 | 0. 590 | 0. 567 |
| 9 | 0. 638 | 0. 626 |
| 10 | 0. 651 | 0. 687 |
| 向后 1 期 | | 0. 750 |
| 向后 2 期 | | 0. 815 |
| 向后 3 期 | | 0. 883 |
| 向后 4 期 | | 0. 954 |
| 向后 5 期 | | 0. 984 |

附表 30　　　　GM(1,1) 模型检验

| 序号 | 原始值 | 预测值 | 残差 | 相对误差（%） | 级比偏差 |
|---|---|---|---|---|---|
| 1 | 0.276 | 0.276 | 0.000 | 0.000 | — |
| 2 | 0.296 | 0.257 | 0.039 | 13.149 | 0.033 |
| 3 | 0.282 | 0.304 | -0.022 | 7.852 | -0.089 |
| 4 | 0.296 | 0.353 | -0.057 | 19.245 | 0.012 |
| 5 | 0.394 | 0.404 | -0.010 | 2.441 | 0.181 |
| 6 | 0.473 | 0.456 | 0.017 | 3.559 | 0.136 |
| 7 | 0.546 | 0.511 | 0.035 | 6.468 | 0.101 |
| 8 | 0.590 | 0.567 | 0.023 | 3.858 | 0.040 |
| 9 | 0.638 | 0.626 | 0.012 | 1.895 | 0.041 |
| 10 | 0.651 | 0.687 | -0.036 | 5.497 | -0.017 |

甘肃省总体生态安全指标，如附表 31 ~ 附表 45 所示。

附表 31　　　　甘肃省总体生态安全指标体系数据

| 序号 | 2012 年 | 2013 年 | 2014 年 | 2015 年 | 2016 年 | 2017 年 | 2018 年 | 2019 年 |
|---|---|---|---|---|---|---|---|---|
| x1 | 92.45 | 91.72 | 89.06 | 79.89 | 93.57 | 91.14 | 91.25 | 93.13 |
| x2 | 26.18 | 27.12 | 27.39 | 27.86 | 29.15 | 30.46 | 30.15 | 35.79 |
| x3 | 43.87 | 44.14 | 45.19 | 45.13 | 44.27 | 44.62 | 45.82 | 47.71 |
| x4 | 1.85 | 2.87 | 1.93 | 2.18 | 2.14 | 2.42 | 2.13 | 1.90 |
| x5 | 14.68 | 15.01 | 14.41 | 16.80 | 15.50 | 15.76 | 17.98 | 18.14 |
| x6 | 78.59 | 78.86 | 81.47 | 86.25 | 88.89 | 86.58 | 79.74 | 77.43 |
| x7 | 67.21 | 68.88 | 67.89 | 67.13 | 67.47 | 62.79 | 58.53 | 58.53 |
| x8 | 77.81 | 80.22 | 83.48 | 85.77 | 88.15 | 90.56 | 90.91 | 92.66 |
| x9 | 1.12 | 1.11 | 1.18 | 1.26 | 1.26 | 1.21 | 1.20 | 1.26 |
| x10 | 0.81 | 0.81 | 0.86 | 0.96 | 0.91 | 0.97 | 0.88 | 0.87 |
| x11 | 45.86 | 71.98 | 38.50 | 52.68 | 75.79 | 66.96 | 35.87 | 34.48 |
| x12 | 197.73 | 175.86 | 181.45 | 182.08 | 162.12 | 157.11 | 154.76 | 150.43 |
| x13 | 83.54 | 93.46 | 97.57 | 95.14 | 81.79 | 75.50 | 77.21 | 57.79 |
| x14 | 43.46 | 30.77 | 30.50 | 31.64 | 25.64 | 21.29 | 17.57 | 14.36 |
| x15 | 35.77 | 27.69 | 28.64 | 31.21 | 29.93 | 28.71 | 26.86 | 25.36 |
| x16 | 5.93 | 4.10 | 4.23 | 4.45 | 4.50 | 6.00 | 5.40 | 5.40 |
| x17 | 29.56 | 29.51 | 28.96 | 27.08 | 18.03 | 15.37 | 15.37 | 15.37 |
| x18 | 47.14 | 44.77 | 41.25 | 35.50 | 32.10 | 32.18 | 32.76 | 32.22 |

续表

| 序号 | 2012 年 | 2013 年 | 2014 年 | 2015 年 | 2016 年 | 2017 年 | 2018 年 | 2019 年 |
|---|---|---|---|---|---|---|---|---|
| x19 | 7. 16 | 7. 13 | 7. 15 | 7. 39 | 7. 21 | 6. 88 | 6. 39 | 6. 34 |
| x20 | 23. 79 | 24. 34 | 24. 20 | 23. 28 | 16. 07 | 12. 91 | 11. 22 | 11. 22 |
| x21 | 76. 97 | 81. 56 | 82. 93 | 86. 83 | 87. 82 | 88. 43 | 88. 58 | 88. 23 |
| x22 | 0. 75 | 0. 80 | 0. 84 | 0. 85 | 0. 86 | 0. 87 | 1. 45 | 1. 44 |
| x23 | 75. 47 | 77. 04 | 75. 45 | 70. 35 | 64. 45 | 63. 47 | 69. 74 | 69. 74 |
| x24 | 11. 40 | 10. 90 | 8. 70 | 7. 80 | 7. 20 | 3. 00 | 5. 60 | 5. 70 |

**附表 32　　甘肃省生态安全指标数据权重数据**

| 序号 | 甘肃省生态安全指标数据权重数据 | |
|---|---|---|
| x1 | 空气质量达到二级以上天数占全年比重 | 0. 0169 |
| x2 | 建成区绿化覆盖率 | 0. 0484 |
| x3 | 有效灌溉面积占比 | 0. 0516 |
| x4 | 林业增加值占比 | 0. 0545 |
| x5 | 农林水财政支出比例 | 0. 0467 |
| x6 | 电力、热力以及燃气的生产和供应业投资占比 | 0. 0484 |
| x7 | 工业固体废物综合利用率 | 0. 0381 |
| x8 | 城市燃气普及率 | 0. 029 |
| x9 | 研究与试验发展（R&D）经费内部支出占比（万元） | 0. 0334 |
| x10 | 项目课题经费内部支出占比（万元） | 0. 0458 |
| x11 | 旱涝灾害受灾面积占比 | 0. 0369 |
| x12 | 单位耕地面积化肥使用量（化肥施用强度（折纯））（千克/公顷） | 0. 0257 |
| x13 | 可吸入颗粒物（PM10）年平均浓度（微克/立方米） | 0. 0456 |
| x14 | 二氧化硫年平均浓度（微克/立方米） | 0. 0228 |
| x15 | 二氧化氮年平均浓度（微克/立方米） | 0. 0196 |
| x16 | 居民生活用水占比 | 0. 0409 |
| x17 | 工业废水排放量占比 | 0. 0635 |
| x18 | 第二产业生产总值占比 | 0. 0293 |
| x19 | 建筑业总产值比例 | 0. 0438 |
| x20 | 工业废水化学需氧量排放量占比 | 0. 0683 |
| x21 | 私人汽车拥有量占比 | 0. 0814 |
| x22 | 城区面积占比 | 0. 0332 |
| x23 | 工业烟（粉）尘排放量占比 | 0. 0405 |
| x24 | 人均 GDP 增长率 | 0. 0357 |

附表 33　　**集对分析**

| 2012 年 | 集对分析 | | | | | | | | | | |
|---|---|---|---|---|---|---|---|---|---|---|---|
| | W | 集对势 | | 集对势 | | 集对势 | | 集对势 | | 集对势 | |
| | 权重 | a×w | c×w | a×w | c×w | a×w | c×w | a×w | c×w | a×w | c×w |
| x1 | 0.0169 | 0.02 | 0.00 | 0.01 | 0.00 | 0.01 | 0.00 | 0.00 | 0.01 | 0.00 | 0.01 |
| x2 | 0.0484 | 0.01 | 0.02 | 0.02 | 0.01 | 0.03 | 0.00 | 0.05 | 0.00 | 0.04 | 0.00 |
| x3 | 0.0516 | 0.02 | 0.01 | 0.03 | 0.00 | 0.05 | 0.00 | 0.04 | 0.00 | 0.02 | 0.00 |
| x4 | 0.0545 | 0.01 | 0.03 | 0.02 | 0.02 | 0.02 | 0.01 | 0.03 | 0.00 | 0.05 | 0.00 |
| x5 | 0.0467 | 0.02 | 0.00 | 0.04 | 0.00 | 0.05 | 0.00 | 0.02 | 0.00 | 0.02 | 0.01 |
| x6 | 0.0484 | 0.05 | 0.00 | 0.05 | 0.00 | 0.03 | 0.00 | 0.02 | 0.02 | 0.01 | 0.02 |
| x7 | 0.0381 | 0.02 | 0.00 | 0.04 | 0.00 | 0.03 | 0.00 | 0.02 | 0.01 | 0.01 | 0.02 |
| x8 | 0.0290 | 0.03 | 0.00 | 0.03 | 0.00 | 0.02 | 0.00 | 0.01 | 0.01 | 0.01 | 0.01 |
| x9 | 0.0334 | 0.01 | 0.02 | 0.01 | 0.02 | 0.01 | 0.01 | 0.02 | 0.00 | 0.03 | 0.00 |
| x10 | 0.0458 | 0.01 | 0.03 | 0.01 | 0.02 | 0.02 | 0.01 | 0.02 | 0.00 | 0.05 | 0.00 |
| x11 | 0.0369 | 0.02 | 0.00 | 0.03 | 0.00 | 0.04 | 0.00 | 0.02 | 0.00 | 0.01 | 0.01 |
| x12 | 0.0257 | 0.01 | 0.01 | 0.01 | 0.01 | 0.01 | 0.00 | 0.03 | 0.00 | 0.02 | 0.00 |
| x13 | 0.0456 | 0.01 | 0.02 | 0.01 | 0.02 | 0.02 | 0.00 | 0.04 | 0.00 | 0.05 | 0.00 |
| x14 | 0.0228 | 0.01 | 0.00 | 0.02 | 0.00 | 0.02 | 0.00 | 0.01 | 0.00 | 0.01 | 0.01 |
| x15 | 0.0196 | 0.01 | 0.00 | 0.02 | 0.00 | 0.02 | 0.00 | 0.01 | 0.00 | 0.01 | 0.01 |
| x16 | 0.0409 | 0.04 | 0.00 | 0.02 | 0.00 | 0.02 | 0.01 | 0.01 | 0.02 | 0.01 | 0.02 |
| x17 | 0.0635 | 0.04 | 0.00 | 0.06 | 0.00 | 0.04 | 0.00 | 0.03 | 0.01 | 0.02 | 0.03 |
| x18 | 0.0293 | 0.01 | 0.02 | 0.01 | 0.01 | 0.01 | 0.01 | 0.02 | 0.00 | 0.03 | 0.00 |
| x19 | 0.0438 | 0.03 | 0.00 | 0.04 | 0.00 | 0.03 | 0.00 | 0.02 | 0.01 | 0.01 | 0.02 |
| x20 | 0.0683 | 0.03 | 0.01 | 0.05 | 0.00 | 0.07 | 0.00 | 0.04 | 0.00 | 0.03 | 0.02 |
| x21 | 0.0814 | 0.02 | 0.04 | 0.03 | 0.02 | 0.04 | 0.00 | 0.08 | 0.00 | 0.07 | 0.00 |
| x22 | 0.0332 | 0.03 | 0.00 | 0.02 | 0.00 | 0.01 | 0.01 | 0.01 | 0.02 | 0.01 | 0.02 |
| x23 | 0.0405 | 0.01 | 0.02 | 0.01 | 0.01 | 0.02 | 0.00 | 0.04 | 0.00 | 0.03 | 0.00 |
| x24 | 0.0357 | 0.02 | 0.00 | 0.03 | 0.00 | 0.04 | 0.00 | 0.02 | 0.00 | 0.01 | 0.01 |
| SUM | | 0.48 | 0.25 | 0.62 | 0.15 | 0.64 | 0.07 | 0.61 | 0.10 | 0.56 | 0.22 |
| 集对势 | | 0.66 | | 0.81 | | 0.90 | | 0.86 | | 0.72 | |

**附表 34　　集对分析—直觉模糊集—欧氏距离测度**

| 2012年 | 集对分析—直觉模糊集—欧式距离测度 | | | | | | | | | | | |
|---|---|---|---|---|---|---|---|---|---|---|---|---|
| | 权重 | | | 理想解 | | | | | | | | |
| | Wj | u | v | u | v | \|u1 - u\|^2 | \|v1 - v\|^2 | U1 | U2 | U3 | U4 | U5 |
| x1 | 0.0169 | 1.00 | 0.00 | 1.00 | 0.00 | 0.00 | 0.00 | 0.00 | 0.00 | 0.01 | 0.02 | 0.02 |
| x2 | 0.0484 | 0.15 | 0.33 | 1.00 | 0.00 | 0.73 | 0.11 | 0.05 | 0.04 | 0.02 | 0.00 | 0.01 |
| x3 | 0.0516 | 0.25 | 0.18 | 1.00 | 0.00 | 0.56 | 0.03 | 0.05 | 0.02 | 0.00 | 0.00 | 0.03 |
| x4 | 0.0545 | 0.09 | 0.45 | 1.00 | 0.00 | 0.82 | 0.20 | 0.07 | 0.06 | 0.05 | 0.02 | 0.00 |
| x5 | 0.0467 | 0.47 | 0.02 | 1.00 | 0.00 | 0.28 | 0.00 | 0.03 | 0.00 | 0.00 | 0.02 | 0.04 |
| x6 | 0.0484 | 0.93 | 0.00 | 1.00 | 0.00 | 0.00 | 0.00 | 0.00 | 0.00 | 0.02 | 0.05 | 0.06 |
| x7 | 0.0381 | 0.61 | 0.00 | 1.00 | 0.00 | 0.15 | 0.00 | 0.01 | 0.00 | 0.01 | 0.03 | 0.04 |
| x8 | 0.0290 | 0.90 | 0.00 | 1.00 | 0.00 | 0.01 | 0.00 | 0.00 | 0.00 | 0.01 | 0.03 | 0.03 |
| x9 | 0.0334 | 0.09 | 0.46 | 1.00 | 0.00 | 0.83 | 0.21 | 0.04 | 0.04 | 0.03 | 0.01 | 0.00 |
| x10 | 0.0458 | 0.09 | 0.47 | 1.00 | 0.00 | 0.84 | 0.22 | 0.06 | 0.05 | 0.04 | 0.02 | 0.00 |
| x11 | 0.0369 | 0.38 | 0.07 | 1.00 | 0.00 | 0.38 | 0.01 | 0.03 | 0.00 | 0.00 | 0.01 | 0.03 |
| x12 | 0.0257 | 0.13 | 0.37 | 1.00 | 0.00 | 0.76 | 0.14 | 0.03 | 0.02 | 0.01 | 0.00 | 0.00 |
| x13 | 0.0456 | 0.11 | 0.40 | 1.00 | 0.00 | 0.78 | 0.16 | 0.05 | 0.05 | 0.03 | 0.00 | 0.00 |
| x14 | 0.0228 | 0.42 | 0.04 | 1.00 | 0.00 | 0.33 | 0.00 | 0.01 | 0.00 | 0.00 | 0.01 | 0.02 |
| x15 | 0.0196 | 0.56 | 0.00 | 1.00 | 0.00 | 0.19 | 0.00 | 0.01 | 0.00 | 0.00 | 0.01 | 0.02 |
| x16 | 0.0409 | 1.00 | 0.00 | 1.00 | 0.00 | 0.00 | 0.00 | 0.00 | 0.01 | 0.04 | 0.05 | 0.05 |
| x17 | 0.0635 | 0.68 | 0.00 | 1.00 | 0.00 | 0.10 | 0.00 | 0.01 | 0.00 | 0.01 | 0.05 | 0.07 |
| x18 | 0.0293 | 0.09 | 0.45 | 1.00 | 0.00 | 0.83 | 0.21 | 0.04 | 0.03 | 0.03 | 0.01 | 0.00 |
| x19 | 0.0438 | 0.70 | 0.00 | 1.00 | 0.00 | 0.09 | 0.00 | 0.01 | 0.00 | 0.01 | 0.04 | 0.05 |
| x20 | 0.0683 | 0.35 | 0.09 | 1.00 | 0.00 | 0.42 | 0.01 | 0.05 | 0.01 | 0.00 | 0.02 | 0.06 |
| x21 | 0.0814 | 0.14 | 0.36 | 1.00 | 0.00 | 0.75 | 0.13 | 0.09 | 0.07 | 0.03 | 0.00 | 0.00 |
| x22 | 0.0332 | 1.00 | 0.00 | 1.00 | 0.00 | 0.00 | 0.00 | 0.00 | 0.02 | 0.03 | 0.04 | 0.04 |
| x23 | 0.0405 | 0.14 | 0.35 | 1.00 | 0.00 | 0.74 | 0.12 | 0.05 | 0.04 | 0.02 | 0.00 | 0.00 |
| x24 | 0.0357 | 0.38 | 0.07 | 1.00 | 0.00 | 0.38 | 0.00 | 0.02 | 0.00 | 0.00 | 0.01 | 0.03 |
| d | | | | | | | | 0.10 | 0.08 | 0.07 | 0.08 | 0.09 |

**附表 35 集对分析—直觉模糊集—汉明距离测度**

| 2012年 | 集对分析—直觉模糊集—汉明距离测度 | | | | | | | | | | | |
|---|---|---|---|---|---|---|---|---|---|---|---|---|
| | 权重 | | | 理想解 | | | | | | | | |
| | Wj | u | v | u | v | \|u1 - u\|^2 | \|v1 - v\|^2 | U1 | U2 | U3 | U4 | U5 |
| x1 | 0.0169 | 1.00 | 0.00 | 1.00 | 0.00 | 0.00 | 0.00 | 0.00 | 0.01 | 0.02 | 0.03 | 0.03 |
| x2 | 0.0484 | 0.15 | 0.33 | 1.00 | 0.00 | 0.85 | 0.33 | 0.08 | 0.07 | 0.04 | 0.00 | 0.02 |
| x3 | 0.0516 | 0.25 | 0.18 | 1.00 | 0.00 | 0.75 | 0.18 | 0.08 | 0.05 | 0.00 | 0.02 | 0.06 |
| x4 | 0.0545 | 0.09 | 0.45 | 1.00 | 0.00 | 0.91 | 0.45 | 0.10 | 0.09 | 0.08 | 0.04 | 0.00 |
| x5 | 0.0467 | 0.47 | 0.02 | 1.00 | 0.00 | 0.53 | 0.02 | 0.05 | 0.01 | 0.00 | 0.05 | 0.07 |
| x6 | 0.0484 | 0.93 | 0.00 | 1.00 | 0.00 | 0.07 | 0.00 | 0.01 | 0.00 | 0.05 | 0.07 | 0.08 |
| x7 | 0.0381 | 0.61 | 0.00 | 1.00 | 0.00 | 0.39 | 0.00 | 0.03 | 0.00 | 0.02 | 0.05 | 0.06 |
| x8 | 0.0290 | 0.90 | 0.00 | 1.00 | 0.00 | 0.10 | 0.00 | 0.01 | 0.00 | 0.03 | 0.04 | 0.05 |
| x9 | 0.0334 | 0.09 | 0.46 | 1.00 | 0.00 | 0.91 | 0.46 | 0.06 | 0.06 | 0.05 | 0.03 | 0.00 |
| x10 | 0.0458 | 0.09 | 0.47 | 1.00 | 0.00 | 0.91 | 0.47 | 0.08 | 0.08 | 0.07 | 0.04 | 0.00 |
| x11 | 0.0369 | 0.38 | 0.07 | 1.00 | 0.00 | 0.62 | 0.07 | 0.05 | 0.02 | 0.00 | 0.03 | 0.05 |
| x12 | 0.0257 | 0.13 | 0.37 | 1.00 | 0.00 | 0.87 | 0.37 | 0.04 | 0.04 | 0.03 | 0.00 | 0.00 |
| x13 | 0.0456 | 0.11 | 0.40 | 1.00 | 0.00 | 0.89 | 0.40 | 0.08 | 0.07 | 0.05 | 0.01 | 0.00 |
| x14 | 0.0228 | 0.42 | 0.04 | 1.00 | 0.00 | 0.58 | 0.04 | 0.03 | 0.01 | 0.00 | 0.02 | 0.03 |
| x15 | 0.0196 | 0.56 | 0.00 | 1.00 | 0.00 | 0.44 | 0.00 | 0.02 | 0.00 | 0.01 | 0.02 | 0.03 |
| x16 | 0.0409 | 1.00 | 0.00 | 1.00 | 0.00 | 0.00 | 0.00 | 0.00 | 0.03 | 0.06 | 0.07 | 0.07 |
| x17 | 0.0635 | 0.68 | 0.00 | 1.00 | 0.00 | 0.32 | 0.00 | 0.04 | 0.00 | 0.04 | 0.09 | 0.11 |
| x18 | 0.0293 | 0.09 | 0.45 | 1.00 | 0.00 | 0.91 | 0.45 | 0.05 | 0.05 | 0.04 | 0.02 | 0.00 |
| x19 | 0.0438 | 0.70 | 0.00 | 1.00 | 0.00 | 0.30 | 0.00 | 0.03 | 0.00 | 0.03 | 0.06 | 0.07 |
| x20 | 0.0683 | 0.35 | 0.09 | 1.00 | 0.00 | 0.65 | 0.09 | 0.09 | 0.04 | 0.00 | 0.05 | 0.10 |
| x21 | 0.0814 | 0.14 | 0.36 | 1.00 | 0.00 | 0.86 | 0.36 | 0.14 | 0.12 | 0.07 | 0.00 | 0.02 |
| x22 | 0.0332 | 1.00 | 0.00 | 1.00 | 0.00 | 0.00 | 0.00 | 0.00 | 0.03 | 0.05 | 0.06 | 0.06 |
| x23 | 0.0405 | 0.14 | 0.35 | 1.00 | 0.00 | 0.86 | 0.35 | 0.07 | 0.06 | 0.04 | 0.00 | 0.01 |
| x24 | 0.0357 | 0.38 | 0.07 | 1.00 | 0.00 | 0.62 | 0.07 | 0.04 | 0.02 | 0.00 | 0.03 | 0.05 |
| d | | | | | | | | 0.02 | 0.01 | 0.01 | 0.01 | 0.01 |

附表 36 集对分析—直觉模糊集—豪斯多夫距离测度

| 2012年 | 集对分析—直觉模糊集—豪斯多夫距离测度 | | | | | | | | | | | |
|---|---|---|---|---|---|---|---|---|---|---|---|---|
| | 权重 | | | 理想解 | | | | | | | | |
| | Wj | u | v | u | v | \|u1 - u\|^2 | \|v1 - v\|^2 | U1 | U2 | U3 | U4 | U5 |
| x1 | 0. 0169 | 1. 00 | 0. 00 | 1. 00 | 0. 00 | 0. 00 | 0. 00 | 0. 00 | 0. 01 | 0. 01 | 0. 01 | 0. 02 |
| x2 | 0. 0484 | 0. 15 | 0. 33 | 1. 00 | 0. 00 | 0. 85 | 0. 33 | 0. 04 | 0. 04 | 0. 02 | 0. 00 | 0. 01 |
| x3 | 0. 0516 | 0. 25 | 0. 18 | 1. 00 | 0. 00 | 0. 75 | 0. 18 | 0. 04 | 0. 02 | 0. 00 | 0. 01 | 0. 03 |
| x4 | 0. 0545 | 0. 09 | 0. 45 | 1. 00 | 0. 00 | 0. 91 | 0. 45 | 0. 05 | 0. 05 | 0. 04 | 0. 02 | 0. 00 |
| x5 | 0. 0467 | 0. 47 | 0. 02 | 1. 00 | 0. 00 | 0. 53 | 0. 02 | 0. 02 | 0. 00 | 0. 00 | 0. 02 | 0. 04 |
| x6 | 0. 0484 | 0. 93 | 0. 00 | 1. 00 | 0. 00 | 0. 07 | 0. 00 | 0. 00 | 0. 00 | 0. 02 | 0. 04 | 0. 04 |
| x7 | 0. 0381 | 0. 61 | 0. 00 | 1. 00 | 0. 00 | 0. 39 | 0. 00 | 0. 01 | 0. 00 | 0. 01 | 0. 02 | 0. 03 |
| x8 | 0. 0290 | 0. 90 | 0. 00 | 1. 00 | 0. 00 | 0. 10 | 0. 00 | 0. 00 | 0. 00 | 0. 01 | 0. 02 | 0. 03 |
| x9 | 0. 0334 | 0. 09 | 0. 46 | 1. 00 | 0. 00 | 0. 91 | 0. 46 | 0. 03 | 0. 03 | 0. 02 | 0. 01 | 0. 00 |
| x10 | 0. 0458 | 0. 09 | 0. 47 | 1. 00 | 0. 00 | 0. 91 | 0. 47 | 0. 04 | 0. 04 | 0. 03 | 0. 02 | 0. 00 |
| x11 | 0. 0369 | 0. 38 | 0. 07 | 1. 00 | 0. 00 | 0. 62 | 0. 07 | 0. 02 | 0. 01 | 0. 00 | 0. 02 | 0. 03 |
| x12 | 0. 0257 | 0. 13 | 0. 37 | 1. 00 | 0. 00 | 0. 87 | 0. 37 | 0. 02 | 0. 02 | 0. 01 | 0. 00 | 0. 00 |
| x13 | 0. 0456 | 0. 11 | 0. 40 | 1. 00 | 0. 00 | 0. 89 | 0. 40 | 0. 04 | 0. 04 | 0. 03 | 0. 01 | 0. 00 |
| x14 | 0. 0228 | 0. 42 | 0. 04 | 1. 00 | 0. 00 | 0. 58 | 0. 04 | 0. 01 | 0. 00 | 0. 00 | 0. 01 | 0. 02 |
| x15 | 0. 0196 | 0. 56 | 0. 00 | 1. 00 | 0. 00 | 0. 44 | 0. 00 | 0. 01 | 0. 00 | 0. 00 | 0. 01 | 0. 02 |
| x16 | 0. 0409 | 1. 00 | 0. 00 | 1. 00 | 0. 00 | 0. 00 | 0. 00 | 0. 00 | 0. 02 | 0. 03 | 0. 03 | 0. 04 |
| x17 | 0. 0635 | 0. 68 | 0. 00 | 1. 00 | 0. 00 | 0. 32 | 0. 00 | 0. 02 | 0. 00 | 0. 02 | 0. 04 | 0. 05 |
| x18 | 0. 0293 | 0. 09 | 0. 45 | 1. 00 | 0. 00 | 0. 91 | 0. 45 | 0. 03 | 0. 03 | 0. 02 | 0. 01 | 0. 00 |
| x19 | 0. 0438 | 0. 70 | 0. 00 | 1. 00 | 0. 00 | 0. 30 | 0. 00 | 0. 01 | 0. 00 | 0. 02 | 0. 03 | 0. 04 |
| x20 | 0. 0683 | 0. 35 | 0. 09 | 1. 00 | 0. 00 | 0. 65 | 0. 09 | 0. 04 | 0. 02 | 0. 00 | 0. 03 | 0. 05 |
| x21 | 0. 0814 | 0. 14 | 0. 36 | 1. 00 | 0. 00 | 0. 86 | 0. 36 | 0. 07 | 0. 06 | 0. 04 | 0. 00 | 0. 01 |
| x22 | 0. 0332 | 1. 00 | 0. 00 | 1. 00 | 0. 00 | 0. 00 | 0. 00 | 0. 00 | 0. 02 | 0. 03 | 0. 03 | 0. 03 |
| x23 | 0. 0405 | 0. 14 | 0. 35 | 1. 00 | 0. 00 | 0. 86 | 0. 35 | 0. 03 | 0. 03 | 0. 02 | 0. 00 | 0. 01 |
| x24 | 0. 0357 | 0. 38 | 0. 07 | 1. 00 | 0. 00 | 0. 62 | 0. 07 | 0. 02 | 0. 01 | 0. 00 | 0. 01 | 0. 03 |
| d | | | | | | | | 0. 02 | 0. 02 | 0. 02 | 0. 02 | 0. 02 |

**附表 37　　　　集对分析—直觉模糊集—TOPSIS 测度**

| 2012 年 | 集对分析—直觉模糊集—TOPSIS | | | | | | | | | |
|---|---|---|---|---|---|---|---|---|---|---|
| | Wj | D | D | D | D | D | D * W | D * W | D * W | D * W | D * W |
| x1 | 0.017 | 1.00 | 0.75 | 0.55 | 0.43 | 0.36 | 0.02 | 0.01 | 0.01 | 0.01 | 0.01 |
| x2 | 0.048 | 0.43 | 0.54 | 0.74 | 1.00 | 0.84 | 0.02 | 0.03 | 0.04 | 0.05 | 0.04 |
| x3 | 0.052 | 0.53 | 0.72 | 1.00 | 0.89 | 0.64 | 0.03 | 0.04 | 0.05 | 0.05 | 0.03 |
| x4 | 0.055 | 0.36 | 0.43 | 0.55 | 0.75 | 1.00 | 0.02 | 0.02 | 0.03 | 0.04 | 0.05 |
| x5 | 0.047 | 0.67 | 0.96 | 1.00 | 0.70 | 0.51 | 0.03 | 0.04 | 0.05 | 0.03 | 0.02 |
| x6 | 0.048 | 0.95 | 1.00 | 0.70 | 0.51 | 0.41 | 0.05 | 0.05 | 0.03 | 0.02 | 0.02 |
| x7 | 0.038 | 0.75 | 1.00 | 0.82 | 0.60 | 0.46 | 0.03 | 0.04 | 0.03 | 0.02 | 0.02 |
| x8 | 0.029 | 0.93 | 1.00 | 0.71 | 0.51 | 0.41 | 0.03 | 0.03 | 0.02 | 0.01 | 0.01 |
| x9 | 0.033 | 0.35 | 0.42 | 0.53 | 0.72 | 1.00 | 0.01 | 0.01 | 0.02 | 0.02 | 0.03 |
| x10 | 0.046 | 0.35 | 0.41 | 0.52 | 0.71 | 1.00 | 0.02 | 0.02 | 0.02 | 0.03 | 0.05 |
| x11 | 0.037 | 0.62 | 0.85 | 1.00 | 0.74 | 0.54 | 0.02 | 0.03 | 0.04 | 0.03 | 0.02 |
| x12 | 0.026 | 0.40 | 0.51 | 0.70 | 1.00 | 0.97 | 0.01 | 0.01 | 0.02 | 0.03 | 0.02 |
| x13 | 0.046 | 0.39 | 0.48 | 0.64 | 0.90 | 1.00 | 0.02 | 0.02 | 0.03 | 0.04 | 0.05 |
| x14 | 0.023 | 0.64 | 0.90 | 1.00 | 0.72 | 0.52 | 0.01 | 0.02 | 0.02 | 0.02 | 0.01 |
| x15 | 0.020 | 0.72 | 1.00 | 0.88 | 0.63 | 0.47 | 0.01 | 0.02 | 0.02 | 0.01 | 0.01 |
| x16 | 0.041 | 1.00 | 0.74 | 0.54 | 0.43 | 0.35 | 0.04 | 0.03 | 0.02 | 0.02 | 0.01 |
| x17 | 0.064 | 0.79 | 1.00 | 0.78 | 0.57 | 0.44 | 0.05 | 0.06 | 0.05 | 0.04 | 0.03 |
| x18 | 0.029 | 0.35 | 0.42 | 0.54 | 0.74 | 1.00 | 0.01 | 0.01 | 0.02 | 0.02 | 0.03 |
| x19 | 0.044 | 0.80 | 1.00 | 0.77 | 0.56 | 0.44 | 0.04 | 0.04 | 0.03 | 0.02 | 0.02 |
| x20 | 0.068 | 0.60 | 0.82 | 1.00 | 0.75 | 0.55 | 0.04 | 0.06 | 0.07 | 0.05 | 0.04 |
| x21 | 0.081 | 0.41 | 0.52 | 0.71 | 1.00 | 0.91 | 0.03 | 0.04 | 0.06 | 0.08 | 0.07 |
| x22 | 0.033 | 1.00 | 0.70 | 0.50 | 0.40 | 0.34 | 0.03 | 0.02 | 0.02 | 0.01 | 0.01 |
| x23 | 0.041 | 0.42 | 0.53 | 0.72 | 1.00 | 0.87 | 0.02 | 0.02 | 0.03 | 0.04 | 0.04 |
| x24 | 0.036 | 0.88 | 1.00 | 0.72 | 0.53 | 0.42 | 0.00 | 0.00 | 0.00 | 0.00 | 0.00 |
| d | | | | | | | 0.61 | 0.72 | 0.75 | 0.73 | 0.67 |

**附表 38　　　2012 年甘肃省各地区生态安全指标数据**

| 2012 年 | 兰州 | 嘉峪关 | 金昌 | 白银 | 天水 | 武威 | 张掖 | 平凉 | 酒泉 | 庆阳 | 定西 | 陇南 | 临夏 | 甘南 |
|---|---|---|---|---|---|---|---|---|---|---|---|---|---|---|
| x1 | 74 | 94 | 91 | 84 | 96 | 97 | 97 | 100 | 93 | 97 | 100 | 95 | 83 | 95 |
| x2 | 30 | 37 | 31 | 29 | 34 | 20 | 36 | 33 | 35 | 30 | 26 | 3 | 16 | 6 |
| x3 | 39 | 100 | 89 | 32 | 9 | 72 | 68 | 12 | 99 | 11 | 12 | 23 | 39 | 9 |
| x4 | 1 | 0 | 1 | 3 | 1 | 0 | 2 | 1 | 2 | 1 | 1 | 3 | 1 | 10 |
| x5 | 8 | 5 | 16 | 15 | 14 | 18 | 20 | 15 | 18 | 16 | 18 | 15 | 15 | 18 |
| x6 | 52 | 100 | 93 | 80 | 100 | 78 | 71 | 25 | 93 | 19 | 93 | 97 | 100 | 99 |
| x7 | 99 | 40 | 17 | 50 | 99 | 87 | 69 | 46 | 60 | 98 | 85 | 76 | 97 | 17 |
| x8 | 89 | 100 | 60 | 70 | 63 | 52 | 100 | 66 | 100 | 82 | 56 | 47 | 42 | 90 |
| x9 | 2 | 4 | 2 | 1 | 1 | 0 | 0 | 0 | 1 | 0 | 0 | 0 | 0 | 0 |
| x10 | 1 | 2 | 2 | 0 | 1 | 0 | 0 | 0 | 1 | 0 | 0 | 0 | 0 | 0 |
| x11 | 33 | 0 | 57 | 55 | 28 | 75 | 46 | 6 | 72 | 40 | 34 | 46 | 40 | 36 |
| x12 | 216 | 952 | 346 | 160 | 203 | 582 | 367 | 244 | 503 | 226 | 171 | 233 | 155 | 50 |
| x13 | 136 | 74 | 103 | 113 | 59 | 74 | 88 | 72 | 141 | 73 | 60 | 78 | 96 | 51 |
| x14 | 41 | 29 | 61 | 37 | 26 | 25 | 24 | 21 | 25 | 22 | 24 | 22 | 46 | 23 |
| x15 | 39 | 17 | 25 | 26 | 20 | 25 | 20 | 17 | 27 | 14 | 25 | 21 | 37 | 18 |
| x16 | 36 | 16 | 34 | 44 | 55 | 45 | 46 | 42 | 36 | 54 | 40 | 48 | 59 | 33 |
| x17 | 25 | 62 | 56 | 25 | 10 | 29 | 49 | 40 | 30 | 11 | 10 | 44 | 19 | 4 |
| x18 | 48 | 82 | 76 | 57 | 39 | 44 | 36 | 47 | 54 | 62 | 27 | 31 | 31 | 27 |
| x19 | 12 | 3 | 9 | 8 | 11 | 12 | 10 | 9 | 8 | 5 | 10 | 9 | 9 | 3 |
| x20 | 9 | 44 | 32 | 22 | 4 | 17 | 54 | 33 | 40 | 8 | 33 | 8 | 26 | 2 |
| x21 | 58 | 67 | 75 | 69 | 82 | 88 | 88 | 70 | 89 | 77 | 75 | 86 | 80 | 75 |
| x22 | 2 | 4 | 0 | 0 | 0 | 0 | 0 | 2 | 0 | 0 | 0 | 0 | 0 | 0 |
| x23 | 93 | 98 | 85 | 78 | 70 | 57 | 76 | 62 | 71 | 48 | 52 | 51 | 60 | 32 |
| x24 | 13 | 10 | 16 | 14 | 13 | 15 | 12 | 14 | 16 | 16 | 10 | 16 | 15 | 13 |

附表 39　　　　2013 年甘肃省各地区生态安全指标数据

| 2013 年 | 兰州 | 嘉峪关 | 金昌 | 白银 | 天水 | 武威 | 张掖 | 平凉 | 酒泉 | 庆阳 | 定西 | 陇南 | 临夏 | 甘南 |
|---|---|---|---|---|---|---|---|---|---|---|---|---|---|---|
| x1 | 82 | 90 | 88 | 92 | 95 | 96 | 95 | 97 | 83 | 96 | 97 | 97 | 85 | 98 |
| x2 | 35 | 37 | 36 | 32 | 35 | 20 | 34 | 35 | 36 | 30 | 27 | 3 | 15 | 6 |
| x3 | 39 | 100 | 91 | 32 | 9 | 72 | 68 | 12 | 99 | 11 | 12 | 23 | 39 | 9 |
| x4 | 1 | 0 | 1 | 3 | 1 | 0 | 1 | 1 | 2 | 1 | 1 | 3 | 2 | 9 |
| x5 | 7 | 8 | 17 | 16 | 15 | 19 | 22 | 15 | 18 | 14 | 23 | 20 | 15 | 21 |
| x6 | 68 | 100 | 96 | 76 | 97 | 83 | 79 | 20 | 88 | 11 | 90 | 99 | 100 | 98 |
| x7 | 97 | 48 | 21 | 60 | 93 | 83 | 70 | 58 | 62 | 98 | 84 | 57 | 100 | 32 |
| x8 | 90 | 100 | 65 | 79 | 66 | 57 | 100 | 72 | 100 | 83 | 59 | 49 | 46 | 90 |
| x9 | 2 | 3 | 3 | 1 | 1 | 0 | 1 | 0 | 1 | 0 | 0 | 0 | 0 | 0 |
| x10 | 1 | 2 | 2 | 0 | 1 | 0 | 0 | 0 | 1 | 0 | 0 | 0 | 0 | 0 |
| x11 | 38 | 0 | 100 | 68 | 83 | 86 | 80 | 65 | 2 | 92 | 42 | 73 | 77 | 51 |
| x12 | 230 | 970 | 393 | 168 | 207 | 553 | 388 | 260 | 514 | 224 | 178 | 232 | 150 | 51 |
| x13 | 150 | 93 | 103 | 124 | 67 | 74 | 88 | 79 | 141 | 75 | 60 | 67 | 91 | 66 |
| x14 | 33 | 30 | 60 | 52 | 26 | 30 | 20 | 21 | 30 | 23 | 20 | 14 | 47 | 10 |
| x15 | 35 | 22 | 30 | 27 | 27 | 30 | 20 | 31 | 30 | 17 | 30 | 12 | 40 | 13 |
| x16 | 37 | 17 | 28 | 36 | 55 | 45 | 44 | 46 | 36 | 56 | 34 | 50 | 59 | 33 |
| x17 | 26 | 76 | 51 | 17 | 11 | 29 | 50 | 36 | 28 | 12 | 9 | 43 | 22 | 4 |
| x18 | 46 | 75 | 72 | 55 | 37 | 43 | 35 | 43 | 53 | 59 | 26 | 30 | 27 | 26 |
| x19 | 12 | 3 | 10 | 9 | 12 | 12 | 9 | 10 | 9 | 5 | 10 | 9 | 9 | 3 |
| x20 | 10 | 55 | 33 | 22 | 2 | 16 | 55 | 33 | 39 | 9 | 33 | 9 | 23 | 2 |
| x21 | 60 | 75 | 100 | 73 | 85 | 90 | 80 | 75 | 82 | 81 | 86 | 78 | 77 | 100 |
| x22 | 2 | 4 | 0 | 1 | 0 | 0 | 0 | 2 | 0 | 0 | 0 | 0 | 0 | 0 |
| x23 | 95 | 98 | 78 | 82 | 47 | 58 | 74 | 79 | 73 | 43 | 53 | 44 | 62 | 44 |
| x24 | 13 | 13 | 15 | 13 | 11 | 14 | 11 | 11 | 12 | 14 | 10 | 11 | 14 | 9 |

**附表 40　　2014 年甘肃省各地区生态安全指标数据**

| 2014 年 | 兰州 | 嘉峪关 | 金昌 | 白银 | 天水 | 武威 | 张掖 | 平凉 | 酒泉 | 庆阳 | 定西 | 陇南 | 临夏 | 甘南 |
|---|---|---|---|---|---|---|---|---|---|---|---|---|---|---|
| x1 | 86 | 81 | 81 | 84 | 94 | 89 | 94 | 89 | 84 | 98 | 92 | 98 | 84 | 93 |
| x2 | 28 | 39 | 37 | 35 | 36 | 23 | 33 | 35 | 37 | 33 | 18 | 8 | 15 | 7 |
| x3 | 39 | 117 | 90 | 32 | 9 | 73 | 68 | 12 | 99 | 11 | 13 | 22 | 38 | 9 |
| x4 | 1 | 0 | 1 | 2 | 1 | 1 | 1 | 1 | 2 | 2 | 1 | 4 | 2 | 10 |
| x5 | 6 | 5 | 14 | 18 | 13 | 21 | 21 | 17 | 17 | 14 | 19 | 18 | 14 | 19 |
| x6 | 58 | 100 | 100 | 89 | 92 | 93 | 80 | 21 | 92 | 17 | 100 | 98 | 100 | 100 |
| x7 | 98 | 43 | 17 | 52 | 83 | 89 | 74 | 56 | 63 | 99 | 85 | 23 | 100 | 69 |
| x8 | 95 | 100 | 67 | 86 | 69 | 61 | 100 | 74 | 100 | 85 | 71 | 52 | 49 | 90 |
| x9 | 2 | 4 | 3 | 1 | 1 | 0 | 1 | 0 | 1 | 0 | 0 | 0 | 0 | 0 |
| x10 | 1 | 2 | 3 | 1 | 1 | 0 | 1 | 0 | 1 | 0 | 0 | 0 | 0 | 0 |
| x11 | 2 | 0 | 54 | 42 | 54 | 68 | 24 | 42 | 0 | 32 | 38 | 70 | 17 | 60 |
| x12 | 230 | 963 | 334 | 175 | 208 | 576 | 391 | 267 | 536 | 224 | 182 | 238 | 153 | 52 |
| x13 | 126 | 133 | 118 | 122 | 66 | 120 | 79 | 100 | 127 | 69 | 91 | 58 | 94 | 63 |
| x14 | 29 | 32 | 59 | 55 | 28 | 34 | 25 | 28 | 18 | 32 | 25 | 15 | 34 | 13 |
| x15 | 48 | 30 | 20 | 22 | 32 | 35 | 19 | 41 | 32 | 26 | 31 | 21 | 29 | 15 |
| x16 | 39 | 18 | 35 | 36 | 55 | 47 | 38 | 47 | 37 | 56 | 38 | 51 | 57 | 34 |
| x17 | 25 | 72 | 57 | 16 | 10 | 28 | 51 | 31 | 34 | 10 | 9 | 39 | 21 | 4 |
| x18 | 41 | 71 | 66 | 50 | 36 | 42 | 33 | 36 | 48 | 60 | 24 | 24 | 24 | 23 |
| x19 | 12 | 5 | 11 | 10 | 12 | 13 | 10 | 11 | 10 | 5 | 10 | 9 | 9 | 3 |
| x20 | 9 | 55 | 32 | 21 | 5 | 17 | 57 | 32 | 40 | 6 | 31 | 9 | 23 | 2 |
| x21 | 66 | 84 | 86 | 78 | 87 | 88 | 88 | 80 | 87 | 83 | 83 | 85 | 80 | 84 |
| x22 | 2 | 4 | 0 | 0 | 0 | 0 | 0 | 2 | 0 | 0 | 0 | 0 | 0 | 0 |
| x23 | 91 | 99 | 82 | 72 | 51 | 51 | 42 | 78 | 51 | 36 | 66 | 50 | 55 | 66 |
| x24 | 10 | 1 | 7 | 9 | 9 | 14 | 8 | 8 | 7 | 10 | 9 | 9 | 9 | 6 |

附表 41　　2015 年甘肃省各地区生态安全指标数据

| 2015 年 | 兰州 | 嘉峪关 | 金昌 | 白银 | 天水 | 武威 | 张掖 | 平凉 | 酒泉 | 庆阳 | 定西 | 陇南 | 临夏 | 甘南 |
|---|---|---|---|---|---|---|---|---|---|---|---|---|---|---|
| x1 | 69 | 83 | 83 | 77 | 80 | 80 | 77 | 80 | 79 | 80 | 81 | 86 | 79 | 86 |
| x2 | 26 | 40 | 36 | 35 | 38 | 24 | 31 | 36 | 37 | 33 | 25 | 8 | 14 | 7 |
| x3 | 40 | 117 | 86 | 33 | 9 | 74 | 68 | 12 | 99 | 11 | 13 | 22 | 39 | 9 |
| x4 | 1 | 0 | 1 | 2 | 1 | 2 | 1 | 1 | 3 | 1 | 1 | 5 | 2 | 10 |
| x5 | 8 | 9 | 14 | 18 | 17 | 26 | 24 | 17 | 18 | 16 | 20 | 18 | 15 | 18 |
| x6 | 73 | 100 | 100 | 95 | 97 | 92 | 86 | 44 | 90 | 33 | 98 | 100 | 100 | 100 |
| x7 | 98 | 48 | 13 | 58 | 84 | 90 | 76 | 63 | 80 | 98 | 90 | 3 | 100 | 37 |
| x8 | 94 | 100 | 70 | 86 | 72 | 75 | 100 | 76 | 100 | 88 | 75 | 55 | 50 | 83 |
| x9 | 2 | 4 | 5 | 1 | 1 | 1 | 2 | 0 | 1 | 0 | 0 | 0 | 0 | 0 |
| x10 | 1 | 4 | 4 | 1 | 0 | 1 | 1 | 0 | 1 | 0 | 0 | 0 | 0 | 0 |
| x11 | 2 | 0 | 0 | 62 | 41 | 49 | 12 | 50 | 14 | 66 | 71 | 61 | 22 | 56 |
| x12 | 230 | 979 | 319 | 179 | 210 | 567 | 388 | 274 | 510 | 224 | 187 | 239 | 152 | 52 |
| x13 | 120 | 98 | 106 | 108 | 79 | 102 | 97 | 95 | 120 | 80 | 85 | 68 | 95 | 79 |
| x14 | 23 | 32 | 45 | 50 | 32 | 32 | 45 | 22 | 14 | 38 | 25 | 25 | 36 | 24 |
| x15 | 53 | 27 | 19 | 26 | 39 | 28 | 23 | 45 | 31 | 22 | 24 | 26 | 53 | 21 |
| x16 | 40 | 20 | 33 | 37 | 55 | 47 | 39 | 48 | 42 | 56 | 37 | 53 | 44 | 33 |
| x17 | 23 | 76 | 54 | 14 | 10 | 26 | 45 | 36 | 26 | 7 | 7 | 30 | 21 | 4 |
| x18 | 37 | 57 | 58 | 45 | 34 | 37 | 29 | 28 | 37 | 53 | 22 | 23 | 21 | 16 |
| x19 | 12 | 5 | 13 | 12 | 12 | 14 | 10 | 11 | 12 | 6 | 10 | 9 | 9 | 3 |
| x20 | 8 | 54 | 29 | 16 | 5 | 15 | 58 | 32 | 40 | 5 | 31 | 7 | 23 | 2 |
| x21 | 71 | 86 | 87 | 86 | 92 | 90 | 90 | 87 | 88 | 88 | 90 | 89 | 83 | 89 |
| x22 | 3 | 4 | 1 | 0 | 0 | 0 | 0 | 2 | 0 | 0 | 0 | 0 | 0 | 0 |
| x23 | 87 | 99 | 77 | 72 | 54 | 46 | 44 | 75 | 50 | 30 | 59 | 44 | 68 | 45 |
| x24 | 8 | 7 | 3 | 7 | 9 | 8 | 7 | 7 | 5 | 9 | 9 | 9 | 8 | 7 |

附表 42　　2016 年甘肃省各地区生态安全指标数据

| 2016 年 | 兰州 | 嘉峪关 | 金昌 | 白银 | 天水 | 武威 | 张掖 | 平凉 | 酒泉 | 庆阳 | 定西 | 陇南 | 临夏 | 甘南 |
|---|---|---|---|---|---|---|---|---|---|---|---|---|---|---|
| x1 | 66 | 82 | 83 | 82 | 83 | 84 | 86 | 85 | 80 | 88 | 86 | 89 | 85 | 89 |
| x2 | 27 | 39 | 37 | 35 | 38 | 26 | 39 | 37 | 37 | 34 | 25 | 10 | 15 | 9 |
| x3 | 39 | 100 | 88 | 33 | 9 | 74 | 71 | 12 | 99 | 12 | 14 | 22 | 38 | 9 |
| x4 | 1 | 0 | 1 | 2 | 1 | 2 | 1 | 1 | 2 | 1 | 0 | 6 | 2 | 9 |
| x5 | 8 | 6 | 15 | 18 | 15 | 26 | 21 | 17 | 18 | 17 | 18 | 19 | 17 | 19 |
| x6 | 81 | 99 | 100 | 96 | 100 | 94 | 93 | 54 | 86 | 48 | 100 | 95 | 100 | 99 |
| x7 | 96 | 58 | 13 | 60 | 72 | 89 | 79 | 83 | 52 | 100 | 90 | 2 | 100 | 51 |
| x8 | 95 | 100 | 73 | 83 | 77 | 83 | 100 | 78 | 100 | 90 | 75 | 86 | 53 | 83 |
| x9 | 2 | 7 | 5 | 1 | 1 | 1 | 1 | 0 | 1 | 0 | 0 | 0 | 0 | 0 |
| x10 | 1 | 5 | 4 | 1 | 0 | 1 | 1 | 0 | 1 | 0 | 0 | 0 | 0 | 0 |
| x11 | 8 | 7 | 0 | 72 | 68 | 6 | 38 | 85 | 85 | 75 | 95 | 66 | 49 | 80 |
| x12 | 184 | 674 | 242 | 172 | 212 | 350 | 320 | 283 | 422 | 228 | 187 | 239 | 142 | 53 |
| x13 | 115 | 86 | 90 | 88 | 78 | 85 | 78 | 80 | 100 | 66 | 73 | 58 | 81 | 67 |
| x14 | 19 | 21 | 37 | 42 | 27 | 23 | 25 | 19 | 15 | 37 | 25 | 28 | 22 | 19 |
| x15 | 57 | 26 | 17 | 27 | 36 | 27 | 22 | 39 | 32 | 19 | 31 | 26 | 38 | 22 |
| x16 | 39 | 37 | 32 | 64 | 55 | 40 | 42 | 48 | 42 | 57 | 38 | 54 | 37 | 33 |
| x17 | 16 | 72 | 44 | 10 | 6 | 11 | 31 | 18 | 15 | 7 | 6 | 8 | 8 | 2 |
| x18 | 35 | 39 | 50 | 40 | 32 | 37 | 28 | 25 | 35 | 48 | 23 | 22 | 20 | 16 |
| x19 | 12 | 7 | 15 | 12 | 12 | 13 | 10 | 12 | 13 | 7 | 10 | 9 | 9 | 3 |
| x20 | 3 | 30 | 23 | 15 | 3 | 9 | 67 | 13 | 21 | 1 | 26 | 8 | 5 | 3 |
| x21 | 75 | 88 | 89 | 87 | 92 | 91 | 91 | 89 | 89 | 88 | 91 | 90 | 79 | 89 |
| x22 | 3 | 4 | 1 | 0 | 0 | 0 | 0 | 2 | 0 | 0 | 0 | 0 | 0 | 0 |
| x23 | 77 | 99 | 58 | 70 | 36 | 37 | 56 | 38 | 23 | 26 | 51 | 41 | 83 | 38 |
| x24 | 8 | 6 | 7 | 7 | 8 | 8 | 8 | 7 | 6 | 8 | 7 | 8 | 8 | 5 |

**附表 43　　　　2017 年甘肃省各地区生态安全指标数据**

| 2017 年 | 兰州 | 嘉峪关 | 金昌 | 白银 | 天水 | 武威 | 张掖 | 平凉 | 酒泉 | 庆阳 | 定西 | 陇南 | 临夏 | 甘南 |
|---|---|---|---|---|---|---|---|---|---|---|---|---|---|---|
| x1 | 69 | 91 | 96 | 92 | 93 | 93 | 95 | 95 | 92 | 92 | 93 | 94 | 84 | 97 |
| x2 | 31 | 39 | 37 | 33 | 39 | 26 | 54 | 39 | 37 | 30 | 26 | 14 | 12 | 9 |
| x3 | 39 | 100 | 88 | 33 | 10 | 74 | 73 | 12 | 100 | 12 | 14 | 22 | 38 | 9 |
| x4 | 1 | 0 | 1 | 1 | 2 | 2 | 1 | 1 | 3 | 2 | 1 | 8 | 2 | 7 |
| x5 | 9 | 6 | 16 | 19 | 16 | 20 | 19 | 19 | 16 | 18 | 20 | 21 | 19 | 21 |
| x6 | 75 | 100 | 96 | 74 | 97 | 91 | 78 | 58 | 91 | 51 | 100 | 100 | 100 | 100 |
| x7 | 88 | 63 | 15 | 62 | 73 | 86 | 78 | 59 | 40 | 89 | 74 | 2 | 100 | 52 |
| x8 | 95 | 100 | 80 | 84 | 82 | 95 | 100 | 88 | 100 | 89 | 75 | 87 | 59 | 99 |
| x9 | 2 | 5 | 4 | 1 | 1 | 1 | 1 | 0 | 0 | 0 | 0 | 0 | 0 | 0 |
| x10 | 1 | 5 | 4 | 1 | 1 | 0 | 1 | 0 | 0 | 0 | 0 | 0 | 0 | 0 |
| x11 | 1 | 0 | 0 | 43 | 59 | 11 | 64 | 17 | 27 | 91 | 62 | 70 | 76 | 62 |
| x12 | 179 | 135 | 236 | 171 | 203 | 432 | 318 | 271 | 446 | 222 | 182 | 234 | 143 | 52 |
| x13 | 111 | 72 | 74 | 85 | 72 | 81 | 60 | 73 | 89 | 66 | 69 | 58 | 79 | 68 |
| x14 | 20 | 17 | 27 | 47 | 24 | 14 | 13 | 12 | 14 | 27 | 22 | 20 | 28 | 13 |
| x15 | 57 | 25 | 16 | 28 | 35 | 28 | 21 | 39 | 27 | 22 | 30 | 26 | 28 | 20 |
| x16 | 39 | 24 | 32 | 69 | 55 | 35 | 47 | 60 | 39 | 56 | 39 | 55 | 33 | 51 |
| x17 | 17 | 54 | 40 | 9 | 5 | 7 | 13 | 20 | 11 | 8 | 7 | 11 | 11 | 1 |
| x18 | 35 | 52 | 51 | 39 | 32 | 30 | 26 | 27 | 35 | 48 | 23 | 21 | 19 | 14 |
| x19 | 11 | 5 | 15 | 12 | 12 | 15 | 11 | 13 | 14 | 7 | 10 | 9 | 9 | 3 |
| x20 | 19 | 21 | 10 | 16 | 3 | 6 | 43 | 9 | 22 | 1 | 23 | 4 | 2 | 2 |
| x21 | 77 | 89 | 90 | 89 | 93 | 92 | 92 | 89 | 90 | 90 | 91 | 91 | 76 | 89 |
| x22 | 3 | 4 | 1 | 0 | 0 | 0 | 0 | 2 | 0 | 0 | 0 | 0 | 0 | 0 |
| x23 | 78 | 100 | 76 | 80 | 26 | 69 | 38 | 30 | 35 | 29 | 53 | 35 | 72 | 31 |
| x24 | 5 | 3 | 2 | 0 | 4 | -3 | 1 | 3 | -1 | 0 | 4 | 3 | 3 | 0 |

附表 44　　2018 年甘肃省各地区生态安全指标数据

| 2018 年 | 兰州 | 嘉峪关 | 金昌 | 白银 | 天水 | 武威 | 张掖 | 平凉 | 酒泉 | 庆阳 | 定西 | 陇南 | 临夏 | 甘南 |
|---|---|---|---|---|---|---|---|---|---|---|---|---|---|---|
| x1 | 67 | 95 | 93 | 91 | 90 | 93 | 96 | 92 | 93 | 96 | 89 | 94 | 92 | 97 |
| x2 | 32 | 40 | 38 | 36 | 39 | 31 | 36 | 39 | 37 | 32 | 26 | 14 | 12 | 9 |
| x3 | 35 | 100 | 89 | 34 | 10 | 76 | 73 | 10 | 122 | 11 | 14 | 22 | 37 | 7 |
| x4 | 1 | 0 | 2 | 1 | 2 | 2 | 1 | 1 | 3 | 1 | 2 | 6 | 2 | 6 |
| x5 | 10 | 4 | 11 | 20 | 18 | 23 | 16 | 21 | 16 | 21 | 25 | 27 | 31 | 28 |
| x6 | 66 | 52 | 99 | 52 | 99 | 85 | 91 | 55 | 91 | 31 | 97 | 100 | 100 | 99 |
| x7 | 97 | 64 | 14 | 74 | 59 | 74 | 29 | 55 | 29 | 90 | 100 | 4 | 100 | 31 |
| x8 | 99 | 100 | 81 | 70 | 79 | 96 | 100 | 81 | 100 | 89 | 76 | 89 | 70 | 98 |
| x9 | 2 | 3 | 2 | 1 | 1 | 0 | 1 | 0 | 1 | 0 | 0 | 0 | 0 | 0 |
| x10 | 1 | 5 | 4 | 1 | 1 | 0 | 1 | 0 | 0 | 0 | 0 | 0 | 0 | 0 |
| x11 | 4 | 0 | 35 | 39 | 31 | 89 | 43 | 14 | 28 | 20 | 45 | 39 | 81 | 68 |
| x12 | 170 | 137 | 232 | 168 | 193 | 437 | 303 | 254 | 421 | 198 | 176 | 219 | 154 | 56 |
| x13 | 103 | 79 | 76 | 82 | 79 | 80 | 66 | 75 | 89 | 69 | 81 | 58 | 81 | 63 |
| x14 | 21 | 14 | 21 | 46 | 17 | 8 | 10 | 11 | 13 | 14 | 17 | 17 | 23 | 14 |
| x15 | 55 | 26 | 16 | 26 | 34 | 26 | 18 | 35 | 25 | 19 | 27 | 25 | 21 | 23 |
| x16 | 39 | 24 | 21 | 70 | 61 | 29 | 57 | 56 | 42 | 56 | 40 | 56 | 60 | 20 |
| x17 | 15 | 45 | 45 | 11 | 6 | 8 | 10 | 17 | 8 | 5 | 7 | 19 | 10 | 8 |
| x18 | 34 | 61 | 54 | 42 | 31 | 28 | 22 | 26 | 34 | 50 | 22 | 20 | 19 | 14 |
| x19 | 11 | 4 | 13 | 11 | 12 | 14 | 11 | 12 | 13 | 7 | 10 | 9 | 9 | 3 |
| x20 | 13 | 25 | 13 | 20 | 2 | 4 | 43 | 9 | 8 | 1 | 12 | 2 | 2 | 2 |
| x21 | 76 | 90 | 90 | 89 | 93 | 93 | 92 | 90 | 90 | 90 | 92 | 91 | 74 | 90 |
| x22 | 3 | 12 | 1 | 1 | 0 | 1 | 0 | 2 | 0 | 0 | 0 | 0 | 0 | 0 |
| x23 | 80 | 100 | 88 | 89 | 22 | 82 | 50 | 51 | 34 | 25 | 63 | 38 | 63 | 100 |
| x24 | 6 | 7 | 9 | 6 | 6 | 5 | 1 | 2 | 4 | 3 | 6 | 6 | 6 | 4 |

**附表 45　　　　2019 年甘肃省各地区生态安全指标数据**

| 2019 年 | 兰州 | 嘉峪关 | 金昌 | 白银 | 天水 | 武威 | 张掖 | 平凉 | 酒泉 | 庆阳 | 定西 | 陇南 | 临夏 | 甘南 |
|---|---|---|---|---|---|---|---|---|---|---|---|---|---|---|
| x1 | 81 | 91 | 94 | 93 | 95 | 92 | 93 | 93 | 90 | 90 | 97 | 99 | 96 | 99 |
| x2 | 34 | 40 | 40 | 36 | 39 | 36 | 36 | 40 | 38 | 32 | 27 | 33 | 32 | 38 |
| x3 | 33 | 100 | 104 | 36 | 10 | 78 | 81 | 9 | 126 | 11 | 14 | 22 | 37 | 7 |
| x4 | 1 | 0 | 1 | 0 | 2 | 1 | 1 | 1 | 2 | 2 | 1 | 7 | 2 | 4 |
| x5 | 9 | 3 | 8 | 23 | 19 | 22 | 17 | 22 | 13 | 24 | 23 | 27 | 30 | 30 |
| x6 | 58 | 52 | 100 | 75 | 99 | 93 | 93 | 29 | 76 | 25 | 100 | 96 | 99 | 89 |
| x7 | 97 | 64 | 14 | 74 | 59 | 74 | 29 | 55 | 29 | 90 | 100 | 4 | 100 | 31 |
| x8 | 97 | 100 | 79 | 98 | 81 | 97 | 100 | 85 | 100 | 91 | 76 | 91 | 86 | 71 |
| x9 | 2 | 4 | 1 | 1 | 1 | 0 | 1 | 0 | 1 | 0 | 0 | 0 | 0 | 0 |
| x10 | 1 | 5 | 4 | 1 | 1 | 0 | 1 | 0 | 0 | 0 | 0 | 0 | 0 | 0 |
| x11 | 1 | 0 | 100 | 34 | 90 | 31 | 1 | 23 | 50 | 43 | 35 | 38 | 14 | 53 |
| x12 | 168 | 134 | 224 | 166 | 189 | 378 | 314 | 251 | 409 | 195 | 180 | 211 | 148 | 58 |
| x13 | 79 | 61 | 58 | 62 | 56 | 61 | 55 | 56 | 65 | 58 | 57 | 38 | 59 | 44 |
| x14 | 18 | 12 | 17 | 42 | 12 | 8 | 12 | 9 | 10 | 11 | 11 | 16 | 13 | 11 |
| x15 | 50 | 22 | 15 | 27 | 31 | 25 | 20 | 35 | 22 | 18 | 25 | 23 | 21 | 21 |
| x16 | 40 | 23 | 23 | 82 | 46 | 35 | 68 | 53 | 34 | 48 | 39 | 56 | 62 | 21 |
| x17 | 15 | 45 | 45 | 11 | 6 | 8 | 10 | 17 | 8 | 5 | 7 | 19 | 10 | 8 |
| x18 | 33 | 63 | 65 | 37 | 25 | 16 | 20 | 27 | 41 | 50 | 16 | 24 | 19 | 15 |
| x19 | 7 | 2 | 7 | 7 | 8 | 6 | 8 | 7 | 5 | 4 | 8 | 4 | 10 | 3 |
| x20 | 13 | 25 | 13 | 20 | 2 | 4 | 43 | 9 | 8 | 1 | 12 | 2 | 2 | 2 |
| x21 | 76 | 90 | 90 | 88 | 93 | 93 | 92 | 89 | 91 | 90 | 91 | 92 | 70 | 89 |
| x22 | 2 | 12 | 1 | 1 | 0 | 1 | 0 | 2 | 0 | 0 | 0 | 0 | 0 | 0 |
| x23 | 80 | 100 | 88 | 89 | 22 | 82 | 50 | 51 | 34 | 25 | 63 | 38 | 63 | 100 |
| x24 | 5 | 6 | 11 | 6 | 6 | 4 | 6 | 6 | 7 | 5 | 6 | 7 | 5 | 3 |

# 参考文献

[1] Brown L R. 建设一个持续发展的社会 [M]. 祝友三，译 . 北京：科学技术文献出版社，1984：78 –80.

[2] 陈克恭，师安隆 . "绿水青山就是金山银山" 对发展生态经济的新启示——以甘肃省为例 [J]. 环境保护，2019，47 (5)：8 –12.

[3] 陈星，周成虎 . 生态安全：国内外研究综述 [J]. 地理科学进展，2005，24 (6)：8 –20.

[4] 陈艳萍，郁娇娇 . 基于毕达哥拉斯 TOPSIS 法的区域生态破坏度评价——以黄河流域上游为例 [J]. 软科学，2018，32 (11)：54 –58.

[5] 董建红，张志斌，张文斌 . 基于三维生态足迹的甘肃省自然资本利用动态变化及驱动力 [J]. 生态学杂志，2019，38 (10)：3075 –3085.

[6] 董娜，卿青，李鲁洁 . 基于组合赋权和集对分析的施工项目绿色集成评价 [J]. 科技管理研究，2020，40 (18)：87 –94.

[7] 呙亚玲，李巧云 . 基于改进 PSR 模型的洞庭湖区生态安全评价及主要影响因素分析 [J]. 农业现代化研究，2021，42 (1)：132 –141.

[8] 郭二果，李现华，祁瑜，等 . 国家北方重要生态安全屏障保护与建设 [J]. 中国环境管理，2021，13 (2)：80 –85.

[9] 国务院 . 全国生态环境保护纲要 [R]. 全国生态农业县建设工作通讯 (总第 132 期)，2000 (12)：1 –27.

[10] 国务院．全国生态环境建设规划 [R]．环境工作通讯，1999 (3)：1 –16.

[11] 韩承豪，魏久传，谢道雷，等．基于集对分析——可变模糊集耦合法的砂岩含水层富水性评价——以宁东矿区金家渠井田侏罗系直罗组含水层为例 [J]．煤炭学报，2020，45 (7)：2432 –2443.

[12] 韩文秀．以高质量发展为主题推动“十四五”经济社会发展 [J]．当代兵团，2021 (2)：36 –37.

[13] 韩雅琴．“一带一路”背景下东南亚地区生态安全评价研究 [D]．北京：中国地质大学（北京），2020.

[14] 韩燕，张玉婷．甘肃省城镇化与生态环境耦合协调度 [J]．水土保持研究，2021，28 (3)：256 –263.

[15] 贺祥．生态系统服务供给安全阈值视域下喀斯特地区生态安全演变 [J]．地理科学，2021，41 (11)：2021 –2030.

[16] 侯磊，卢江蓉，梁启斌，等．基于 DPSIR 模型的云南省湖泊生态安全评价 [J]．农业资源与环境学报，2022，39 (3)：485 –492.

[17] 胡启玲，董增川，杨雁飞，等．基于联系数的水资源承载力状态评价模型 [J]．河海大学学报（自然科学版），2019，47 (5)：425 –432.

[18] 胡悦，马静，李雪燕，等．京津冀地区生态安全评价及障碍因子诊断 [J]．环境污染与防治，2021，43 (2)：206 –210，236.

[19] 黄青，任志远．论生态承载力与生态安全 [J]．干旱区资源与环境，2004，18 (2)：11 –175.

[20] 姜德义，彭辉华，赵丽君，等．熵权集对分析法在盐岩储气库稳定性评价中的应用 [J]．东北大学学报（自然科学版），2017，38 (2)：284 –289.

[21] 蒋云良，赵克勤．集对分析在人工智能中的应用与进展 [J]．智能系统学报，2019，14 (1)：28 –43.

[22] 金碚．关于“高质量发展”的经济学研究 [J]．中国工业经济，2018，361 (4)：5 –18.

[23] 李晴宇，李月芬，解小雨．基于集对分析的长吉图城市人口增长与空间扩张协调性研究［J］．现代城市研究，2017（1）：105－110.

[24] 李子君，王硕，马良．基于熵权物元模型的沂蒙山区土地生态安全动态变化及其影响因素研究［J］．土壤通报，2021，52（2）：425－433.

[25] 林兆木．关于我国经济高质量发展的几点认识［J］．冶金企业文化，2018，81（1）：26－28.

[26] 刘胜峰，闫文德．漓江流域土地生态安全时空分异及其影响因素［J］．中南林业科技大学学报，2021，41（11）：136－151.

[27] 卢勤．新时代下中国生态文明建设的理论与实践研究——评《生态环境保护与可持续发展》［J］．世界林业研究，2021，34（6）：121.

[28] 罗恒．长江经济带生态安全测度及保护研究［D］．西安：西安理工大学，2020.

[29] 罗永仕．生态安全的现代性境遇［M］．北京：人民出版社，2015.

[30] 宁朝山，李绍东．黄河流域生态保护与经济发展协同度动态评价［J］．人民黄河，2020，42（12）：1－6.

[31] 彭少麟，郝艳茹，陆宏芳，等．生态安全的涵义与尺度［J］．中山大学学报（自然科学版），2004，43（6）：27－31.

[32] 秦华，任保平．黄河流域城市群高质量发展的目标及其实现路径［J］．经济与管理评论，2021，227（6）：26－37.

[33] 曲格平．关注生态安全之二：影响中国生态安全的若干问题［J］．环境保护，2002（7）：3－6.

[34] 曲格平．关注生态安全之一：生态环境问题已经成为国家安全的热门话题［J］．环境保护，2002（5）：3－5.

[35] 任保平，豆渊博．黄河流域生态保护和高质量发展研究综述［J］．人民黄河，2021，434（10）：30－34.

[36] 盛小星，叶春明．基于集对分析法的长三角雾霾风险评估［J］．资源开发与市场，2017，33（3）：334－337，359.

[37] 施洲，纪锋，余万庆，等．基于集对分析理论的大型沉井基础施工

动态风险评估［J］. 东南大学学报（自然科学版），2021，51（3）：419－425.

［38］史紫薇，冯文文，钱会. 基于流域尺度的甘肃省水资源承载力评价［J］. 生态科学，2021，40（3）：51－57.

［39］唐家凯. 沿黄河九省区水资源承载力评价与障碍因素研究［D］. 兰州：兰州大学，2021.

［40］汪恒，兰培真. 区间直觉模糊集的港口水域船舶航行环境风险评价［J］. 中国航海，2021，44（2）：38－44，52.

［41］王慧杰，毕粉粉，董战峰. 基于 AHP—模糊综合评价法的新安江流域生态补偿政策绩效评估［J］. 生态学报，2020，40（20）.

［42］王培，许仕荣，唐国强，等. 基于集对分析原理的城市需水量预测模型及其应用［J］. 资源开发与市场，2017，33（4）：408－410，441.

［43］王涛. 中国省域生态安全评价及影响因素分析［D］. 开封：河南大学，2020.

［44］魏衍英. 扬州市土地生态安全评价及趋势预测研究［D］. 南京：南京农业大学，2014.

［45］习近平. 决胜全面建成小康社会夺取新时代中国特色社会主义伟大胜利——在中国共产党第十九次全国代表大会上的报告［J］. 前线，2017（11）：4－28.

［46］习近平. 在黄河流域生态保护和高质量发展座谈会上的讲话［J］. 求是，2019（20）：1－5.

［47］谢玲，严土强，高一薄. 基于 PSR 模型的广西石漠化地区土地生态安全动态评价［J］. 水土保持通报，2018，38（6）：315－321.

［48］谢志强，王剑莹. 总体国家安全观指导下的社会安全问题研究—以社会治理为评价角度［J］. 社会治理，2018（3）：10－19.

［49］熊建新，王文辉，贺赛花，等. 洞庭湖区旅游城镇化系统耦合协调性时空格局及影响因素［J］. 地理科学，2020，40（9）：1532－1542.

［50］阳斌成，张家其，罗伟聪，等. 基于 TOPSIS 及耦合协调度的湖南省 2009—2018 年水资源承载力综合评价［J］. 水土保持通报，2021，41

(5)：357－364.

[51] 杨茂，江博，熊昊，等．基于集对理论的风电场内功率汇聚特性分析 [J]．太阳能学报，2017，38（2）：457－463.

[52] 杨鹏．长江经济带土地生态安全时空演化特征及其驱动因素 [D]．武汉：湖北大学，2020.

[53] 叶辉，王金亮，赵娟娟．基于 DPSIR-EES 模型的北回归线（云南段）生态安全评价 [J]．水土保持研究，2021，28（3）：291－298.

[54] 张朝枝，杨继荣．基于可持续发展理论的旅游高质量发展分析框架 [J]．华中师范大学学报（自然科学版），2022，56（1）：43－50.

[55] 张广创，王杰，刘东伟，等．基于 GIS 的锡尔河中游生态敏感性分析与评价 [J]．干旱区研究，2020，37（2）：506－513.

[56] 张含朔．黄河流域绿色发展时空演变与障碍因素研究 [D]．济南：山东师范大学，2021.

[57] 张婧，孙英兰．海岸带生态系统安全评价及指标体系研究——以胶州湾为例 [J]．海洋环境科学，2010，29（6）：930－934.

[58] 张萌，刘吉平，赵丹丹．吉林省西部生态安全格局构建 [J]．干旱区地理，2021，44（6）：1676－1685.

[59] 张晓文，赵普，纪爱兵．基于直觉模糊集的世界一流学科建设成效评价 [J]．运筹与管理，2021，30（6）：205－210.

[60] 赵柯，李伟芳，毛菁旭，等．基于 PSR 模型的耕地生态安全评价及时空格局演变 [J]．生态科学，2019，38（1）：186－193.

[61] 赵克勤．基于集对分析的不确定性多属性决策模型与算法 [J]．智能系统学报，2010，5（1）：41－50.

[62] 朱晶，付爱华．国内外生态安全综述 [J]．经济研究导刊，2015（1）：278－279.

[63] 卓玛草，袁建钰，韩博，等．气候变化对甘肃省雨养农业区玉米种植区划的影响 [J]．干旱地区农业研究，2021，39（2）：211－219.

[64] 邹长新，彭慧芳，刘春艳．关于新时期保障国家生态安全的思考

[J]. 环境保护，2021，49 (22)：50 - 53.

[65] Bharati S K, Singh S R. Transportation problem under interval - valued intuitionistic fuzzy environment [J]. International Journal of Fuzzy Systems, 2018 (20): 1511 - 1522.

[66] Bi M L, Xie G D, Yao C Y. Ecological security assessment based on the renewable ecological footprint in the Guangdong-Hong Kong-Macao Greater Bay Area, China [Z]. Ecological Indicators, 2020, 116, 106432. doi. org/10. 1016/j. ecolind. 2020. 106432.

[67] Chang K H. A novel supplier selection method that integrates the intuitionistic fuzzy weighted averaging method and a soft set with imprecise data [J]. Annals of Operations Research, 2019 (272): 139 - 157.

[68] Davoudabadi R, Mousavi S M, Mohagheghi V. A new decision model based on DEA and simulation to evaluate renewable energy projects under interval-valued intuitionistic fuzzy uncertainty [J]. Renewable Energy, 2021 (164): 1588 - 1601.

[69] Du Y P, Wang W J, Lu Q, et al.. A DPSIR-TODIM model security evaluation of China's rare earth resources [Z]. International journal of environmental research and public health, 2020, 17 (19): 7179. doi: 10. 3390/ijerph17197179.

[70] Glinskiy V V, Serga L K, Khvan M S. Environmental safety of the region: New approach to assessment [J]. Procedia CIRP, 2015 (26): 30 - 34.

[71] Homer-Dixon T F. Environmental scarcities and violent conflict: Evidence fromcases [J]. International Security, 1994, 19 (1): 5 - 40.

[72] IIASA. Ecology, politics and society [J]. Report Geography, 1998, 125 (2): 1 - 10.

[73] Khalid A, Abbas M. Distance measures and operations in intuitionistic and interval-valued intuitionistic fuzzy soft set theory [J]. International Journal of Fuzzy Systems, 2015 (17): 490 - 497.

[74] Kijak R, Moy D. A decision support framework for sustainable waste management [J]. Journal of Industrial Ecology, 2004, 8 (3): 33 – 50.

[75] Shen Q, Huang X, Liu Y, et al.. Multiattribute decision making based on the binary connection number in set pair analysis under an interval-valued intuitionistic fuzzy set environment [J]. Soft Comput, 2020 (24): 7801 – 7809.

[76] Stevenson M, Lee H. Indicators of sustainability as a tool in agricultural development: partitioning scientific and participatory processes [J]. International Journal of Sustainable Development and World Ecology, 2001 (8): 57 – 65.

[77] Xiao Q L. Measurement and comparison of urban haze governance level and efficiency based on the DPSIR model: A case study of 31 cities in North China [J]. Journal of Resources and Ecology, 2020, 11 (6): 549 – 561.